JN269668

機械安全工学

――基礎理論と国際規格――

清水 久二　　福田 隆文

編　著

東　京
株式会社
養賢堂発行

執筆者一覧

編 著 者

清 水 久 二(横浜国立大学 名誉教授)
　　　　　　　　　　　　　　………………………………第1章，3.1～3.5節，第3章付録A～B
福 田 隆 文(長岡技術科学大学 専門職大学院 技術経営研究科)………第2章

執 筆 者(五十音順)

川 内 陽志生(東洋エンジニアリング(株) 応用解析室)……………3.6節，3.7節
粂 川 壮 一(中央労働災害防止協会 技術支援部)……………4.1節，4.2節
五 味 宗 近((株)ユーエルエーペックス 横浜事業所 適合性評価サービス部)
　　　　　　　　　　　　　　　　　　　　　　………………………………5.1節，5.2節
佐 藤 吉 信(東京海洋大学 海洋工学部)…………………………………4.4節
杉 本　　 旭(長岡技術科学大学 専門職大学院 技術経営研究科)………4.3節
橋 本 哲 哉((株)ユーエルエーペックス EMC業務部)…………………5.3節
村 田　　 清(極東貿易(株) 情報・環境機器部)………………………3.8節

序　文

―人間は人間に出来ないことをすべきではない―

　人類の歴史は，ホモサピエンスが自分達の世界を広げるための涙ぐましい努力の歴史である．海洋から宇宙までその努力はおおむね報いられ，人類は進歩が常に実在し，人間の知能と努力は何事をも可能にすることを実感する．同時に進歩は自己改造をも可能にした．それは義歯から臓器移植までの身体改造と，自分の考えを変えるといった思想上のことまでも含まれる．

　しかし，この進歩の歴史にあって人類を悩ます一つの別の問題があった．それは「自分達は何者か」という問いかけである．もし絶対的な自己の根拠を虚ろな自我やイディオロギーの上に置くならば，それは常に「残虐と破滅の時代」を招くことを歴史は実証した．何時の時代にもこの問いかけはあった．自分の姿や内面を見たいという欲求は人間の根源的な衝動であり，古代において鏡は御神体となった．しかし鏡は語らず，それが語り初めたのはやはり文字の発明と関係する．古代オリエントやインドにおいて文字を使って神や仏の言葉の体系が完成され，伝承された．これらの言葉は人間が何であるか，つまり個人と他者との関係を語っている．

　仏教やキリスト教から派生した精神科学は，人類が造られたものであることを確認する．これは人間のアイデンティティの基盤である．人間は地球上の他のすべての存在と「義」の関係において，つまり絆によって結ばれている．この絆は物理的な手段でも切ることが出来ない．したがって，他者はこの絆によってわれわれ個人の生命と一体化している．

　このことは，科学技術の使用が絶対的にあらゆる人間生命の脅威になってはならないことを意味する．ここに，われわれの行為を制約する一つの原則が存在する．この序文の副題はドイツのケルンで開かれた「第１回 安全工学国際会議」の総括講演で高名な司教が述べた言葉である．また卿はこれがバチカンの見解と一致することを強調された．以上の前提においてわれわれは，安全が進歩よりも優位にあることを結論する．ここに機械安全工学を上

梓する意義がある．

　本書は，上述の概念を法規の上で現実化した「包括的な国際安全規格」を理解するために上梓されたが，はじめにその精神を人類史に遡って論じた．内容についていえば，前半は数学的準備として規格の中核をなす待機冗長系の信頼性理論，後半では機械指令の構成要素である各重要規格の概要，規格化された製品安全試験について解説した．これらは工学部の化学・機械・電気設備の設計や制御技術を学ぶ学生，一般製造機械，石油精製，化学プラント，火力・原子力プラント，自動車，鉄道・航空，貨物運搬機械，土木・建設機械，農業機械，医療機械などにおいて機械・システム設計（ソフトウェアを含む），運転，保守に携わる技術者，損害保険業・第3者機関や官公庁の安全部門の専門家向けに書かれている．本書がこれらの方々に前向きに受け入れられ，活用されることを期待する．

2000年1月10日

清 水 久 二

目　　次

第1章　機械安全工学の枠組み

1.1　はじめに ……………………………………………………………… 1
1.2　欧州における安全法制の流れ ………………………………………… 2
　1.2.1　はじめに …………………………………………………………… 2
　1.2.2　EUにおける安全法制の原則 …………………………………… 3
　1.2.3　セベソ指令を境にして …………………………………………… 4
　1.2.4　OSHAの新規則 ………………………………………………… 5
　1.2.5　先進各国の責任規範の法制 ……………………………………… 6
　　（1）過失責任より無過失責任へ …………………………………… 6
　　（2）過失責任の原則 ………………………………………………… 6
　　（3）最新の安全法制のモデルとしての厳格責任 ………………… 8
　　（4）先進諸国の安全法制 …………………………………………… 8
1.3　グローバルな国際安全基準 …………………………………………… 9
　1.3.1　安全の定義 ………………………………………………………… 9
　1.3.2　ISO/IECガイド51 ……………………………………………… 10
　　（1）適用範囲 ………………………………………………………… 10
　　（2）安全という用語の意味 ………………………………………… 10
　　（3）リスク低減プロセス …………………………………………… 11
　1.3.3　EN 954—機械の安全性（制御システムの安全関連部分）— …… 12
1.4　本書の意図と内容 ……………………………………………………… 13

第2章　信頼性工学の数学的基礎—安全装置を中心として—

2.1　はじめに—安全装置の信頼性のキーポイント— …………………… 15
　　（1）劣化と寿命 ……………………………………………………… 16
　　（2）安全装置による防護 …………………………………………… 16
2.2　寿命分布 ………………………………………………………………… 17
　2.2.1　不信頼度関数，信頼度関数，確率密度関数，故障率関数 …… 18
　　（1）不信頼度関数（故障分布関数）$F(t)$ ………………………… 18
　　（2）信頼度関数 $R(t)$ ……………………………………………… 18

(3) 確率密度関数 $f(t)$ ································· 20
　　　(4) 故障率関数 $\lambda(t)$ ································· 21
　　2.2.2 本書で扱う確率分布································· 22
　　　(1) 指数分布 ································· 22
　　　(2) ワイブル分布（参考）································· 23
2.3 安全装置によるリスクの低減································· 24
2.4 信頼性の評価指標—時間軸を中心に—································· 25
　　2.4.1 作動信頼性の評価································· 25
　　2.4.2 平均寿命，平均故障間隔，平均修復時間とアベイラビリティー··· 26
　　　(1) 非修理系································· 26
　　　(2) 修理系································· 27
　　2.4.3 作動要求時の機能失敗確率（PFD）································· 29
　　2.4.4 作動の例································· 31
　　2.4.5 作動信頼性の計算—単一構成の場合—································· 33
2.5 系のアーキテクチャとその作動信頼性································· 34
　　2.5.1 冗長系の種類································· 34
　　2.5.2 信頼性ブロック線図································· 35
　　　(1) 直列系································· 36
　　　(2) 並列系································· 37
　　　(3) m/n 冗長系（m-out-of-n system）································· 38
　　　(4) 予備がある場合—待機冗長系—································· 40
　　　(5) 複雑な構成での作動信頼性の計算法································· 41
　　2.5.3 マルコフモデル································· 44
　　　(1) マルコフモデルの数学的基礎································· 45
　　　(2) 並列，m/n 冗長系································· 46
　　　(3) 待機冗長系································· 49
2.6 共通原因故障································· 51
2.7 まとめ································· 54
　　　(1) 作動要求時の機能失敗確率（PFD）································· 54
　　　(2) 二つのモードの故障—緊急放出の例—································· 54
付　録　異常検知における判定の誤り································· 54
　　　(1) 判定における誤り································· 54
　　　(2) 判定の信頼性の定量的表現—ROC 曲線—································· 58

参考文献……59

第3章 安全装置の設計上の諸概念

3.1 安全装置の計装化への歴史……62
　3.1.1 安全弁の発明……62
　3.1.2 計装系を使った安全装置の出現……63
3.2 安全機能とは何か……64
3.3 リスク低減量の解析的な求め方……66
　3.3.1 リスクの定義と変換……66
　3.3.2 許容可能なリスク……68
3.4 SIL数値目標実現のための設計計算……70
　3.4.1 作動要求頻度による運用モードの違い……70
　3.4.2 複合系の機能失敗確率 PFD_{avg} の計算手順……71
　3.4.3 設計例……72
　3.4.4 エンジニアリング経験による設計……74
3.5 フォールトトレランス（対故障寛容性）要求……74
3.6 リスクグラフによるSILの決定法……77
3.7 ソフトウェアの安全要求……79
　（1）ソフトウェアの安全要求仕様決定段階……80
　（2）ソフトウェアの認定計画作成段階……81
　（3）ソフトウェアの設計・開発段階……81
　（4）PEの統合（ハードとソフト）段階……82
　（5）ソフトウェアの運用・修正段階……82
　（6）ソフトウェアの認定段階……83
3.8 最新のPES技術の現状……83
　3.8.1 PLCの歴史……83
　3.8.2 安全関連制御系用のPLC……85
　　（1）稼働率と安全性……86
　　（2）専用PLCの登場……86
　　（3）構造上の二つの流れ……87
　　（4）自己診断技術……88
　3.8.3 現場サイドから……88
　　（1）センサの信頼度……88

(2) 操作端の信頼度 ·· 89
　　　(3) PE デバイスの信頼度 ··· 89
付　録 A　重要な設計パラメータ ··· 89
　　A-1　用語と記号 ··· 89
　　A-2　影響を考慮した故障形態の分類 ·································· 90
　　A-3　自己診断率（DC）と安全側故障比率（SFF）············· 91
　　A-4　サブシステムの分類（タイプ A，タイプ B）··············· 91
付　録 B　単純な安全関連系の安全機能（古典理論）··················· 92
　　B-1　単一チャンネルトリップ装置 ····································· 92
　　B-2　双チャンネル系 ··· 95
参考文献 ·· 96

第 4 章　安全確保の考え方とその国際的規範

4.1　はじめに ·· 97
4.2　機械の安全防護技術 ··· 98
　4.2.1　機械安全の基本 ··· 98
　　(1) 安全に関する考え方 ··· 99
　　(2) 機械災害防止のための四つの要件 ···························· 100
　　(3) 機械災害の発生メカニズム ····································· 101
　　(4) 機械災害の防止の基本 ·· 101
　4.2.2　機械安全に関する標準化 ······································ 103
　　(1) 機械安全の原則と国際標準化 ··································· 104
　　(2) 機械安全の国際規格の体系と概要 ···························· 111
　　(3) 機械安全に関する国際規格の基本的な考え方 ··········· 113
　4.2.3　わが国の現状と今後の課題 ··································· 118
4.3　安全確認型インターロック ·· 119
　4.3.1　安全確認型の立脚点 ··· 119
　4.3.2　安全の標準的理解における機械安全の捉え方 ········· 120
　　(1) 安全―流通の解放― ··· 120
　　(2) 危険性―リスクとハザード― ·································· 120
　4.3.3　安全を確認するメカニズム ··································· 122
　　(1) 危険状態の生成過程 ··· 122
　　(2) 危険源としてのヒューマンエラー ··························· 125

4.3.4 安全確認型インターロック･････････････････････････127
       4.3.5 安全確認型と危険検出型との比較･･････････････････129
       4.3.6 今後の安全工学の方向･････････････････････････････132
   4.4 機能安全とその国際規格･････････････････････････････････132
       4.4.1 機能安全･･･134
         （1） 機能安全規格による諸概念････････････････････････135
         （2） リスク軽減措置････････････････････････････････････139
         （3） リスク軽減措置における機能安全の位置づけ･････････140
       4.4.2 機能安全の遂行･･･････････････････････････････････140
         （1） ランダムハードウェア故障と決定論的原因故障･･････141
         （2） 低複雑度 E/E/PE 安全関連系とフェールセーフの適用･･･142
       4.4.3 全安全ライフサイクルと安全度水準（SIL）･････････････146
         （1） 全安全ライフサイクル････････････････････････････146
         （2） 機能安全と SIL･･････････････････････････････････151
   参考文献･･153

第 5 章 製品安全試験

   5.1 製品安全試験の位置づけ･･････････････････････････････････156
       5.1.1 機器安全系の中の要素としての位置づけ･･････････････156
       5.1.2 標準化，品質に関する技術基準・技術規格における製品安全試験158
       5.1.3 製品安全試験の要求機能と内容････････････････････････160
   5.2 電気電子製品における安全試験の概要･･････････････････････162
       5.2.1 安全規格における製品安全試験に関する要求････････････162
       5.2.2 代表的な安全試験―IEC 60950「情報技術機器の安全性」を実施
             した場合―･･163
         （1） 電源インターフェイス（入力電流測定）･･････････････164
         （2） 感電，エネルギー危険からの保護･････････････････････164
         （3） 絶　　縁･･165
         （4） SELV（安全超低電圧）回路の信頼性･･････････････････165
         （5） 一次電源への接続（電源コードの取付けの確実さ）･････165
         （6） 機械的強度および安定性･････････････････････････････166
         （7） 接地漏れ電流･･････････････････････････････････････167
         （8） 絶縁耐力試験･･････････････････････････････････････168

(viii)　目　次

　　(9) 温度試験 ………………………………………………………169
　　(10) 異常試験 ………………………………………………………172
　5.2.3 まとめ …………………………………………………………177
5.3 電気機械機器における EMC（電磁的両立性）試験 ……………178
　5.3.1 EMC …………………………………………………………178
　5.3.2 EMC におけるノイズの定義とその伝達経路 ………………180
　5.3.3 安全装置に対する EMC の影響 ……………………………181

略語集 ……………………………………………………………………183

索　引 ……………………………………………………………………185

第1章　機械安全工学の枠組み

1.1　はじめに

　人類は，その有史以来多くの道具や機械を使用していた．実際，ポンペイの遺跡をはじめ，古代の地中海世界の遺跡から出土された遺物の中に，食器や宝飾品と並んで必ず何かの工具類を見出すことができる．その傾向は以後間断なく続き，近年の紡織機械をはじめとする数々の生産機械の発明へとつながる．その豊富な具体例を欧州の博物館，例えばチューリッヒやナポリのそれに見ることができる．

　さらに兵器類についていえば，刀剣類の製作について語るに及ばないが，ローマ帝国のシーザー軍がガリヤ攻略時に，既に一種の機械兵器を使用していたのを知り一驚する（ローマ文明史博物館）．付言するならば，シーザー軍は，当時地中海に普及していた暦を使用し，戦略をプロジェクト化していた．

　時代を問わず，なぜ機械が重宝されるかといえば，機械は特殊な機構によって力を拡大/伝達し，また所望の運動形態を作り出し，人々の労力を大幅に軽減してくれるからである．この機能は，ジェームスワットの蒸気動力の発明によって一層加速される．これ以後の産業革命の目覚ましい急ピッチな発展の時代は，長い人類史の中でも非常に希有な時代である．

　この時代の機械類の不具合や事故は，一層完全な機械を完成するための中間的・一時的な現象とみなされ，「事故から学ぶ」姿勢が事故防止の主要な手段とされてきた．すなわち，自然科学の諸法則の知識をもとにして事故の原因を確定し，可能な工学的な解決策を組み込むという「安全技術」の蓄積が図られてきた．しかし，巨大技術が新しく原子力エネルギーや航空，輸送，化学プロセスの領域へ，あるいは生物科学の新発見が薬品や食品の製造技術，無視しえぬ潜在危険性とともに導入されるに及び，一つの基本的な問題提起がされることになった．それは，事故統計のみをベースにした安全技術

ではもはや人々の不安を解消することができないという点である．ここに，有史以来はじめて「製造者の無過失責任」という概念が導入されることになった．

欧州では，この無過失責任という概念は既に電気事業法の中に導入されていたが，消費者保護の原則として法制化されたのは近年のことである．その後，この概念は他の工業製品の欠陥の責任訴求の原則としてその適用範囲が拡大され，ついには一般機械安全の領域へと拡大適用されるに至った．

わが国は，現在欧州連合の厳格責任に基づく新しい「包括的な安全基準」の攻勢を貿易を通じて受けており，事態は明治維新当時の外圧と対峙している状況とよく似ている．そこで事態の理解を深めるため，欧州の安全法制の歴史を辿りつつ，機械安全基準に関連する法制の歴史的推移を簡単に解説し，本書の導入部とすることにする．

1.2 欧州における安全法制の流れ

1.2.1 はじめに

20世紀は戦争の世紀であったいわれるが，欧州ではその反省が第二次世界大戦後，直ちに始められた．その結論は，欧州諸国間に存在した国境という怪物が文化的・経済的交流の障壁となり，これが経済活動を閉塞させ，隣国制覇の野心を助長させたという反省である．その対策としての「欧州域内にグローバルな共同の市場を作る」という1950年代初頭のローマ条約は，実際に当時の国境警備のものものしさを知る者にとっては正に「今世紀最大の冗談」としか写らなかった．しかし，ローマ条約はこの50年の間に着実に実現化の道を歩み，市場の共同化のみならず，今や金融分野まで統合化し，最終的には欧州連合へと最終目標を一段と昇華させている．

このような歴史進化の過程で，「貿易障害の完全撤去」の原則推進に逆らう一つの要因は「安全基準」の取扱いであろう．自国に輸入される農業・工業製品の安全性を問うことは，市民の健康・生命を守るための当然の権利である．何人もこれに異を唱えることはできない．しかし，これはまた国内産業を保護するための「安全の名を借りた隠れた非関税障壁」となる可能性があ

る．その防止策として「統一的な安全基準の確立」は当然の処置といえよう．
　しかし，ここで安全といった場合，これが問題とされる範囲は広く，かつ総合的に捉えなければならない．ここで安全を脅かす分野とは
① 原子力や化学プラントの事故
② 鉄道，航空機などの輸送手段の事故
③ 有害物質による河川・土壌や大気の汚染
④ 医薬品，食料，工業製品の微細な危険性

など，おおよそ人間の生活に係わるすべての技術を指す．すなわち，その最後の出口はすべて人間である．
　これらの事象の捉え方は行政，司法，産業に携わる人々，科学技術者，生活者など，それぞれの立場で異なるが，その共通の概念としては人間が生存する上での「価値の減価」という意味で「損害」と呼称する．損害は1次元的な尺度が設定可能で，通常死亡者の数，あるいはそれと賠償可能な等価な貨幣単位が使われる．

1.2.2　EUにおける安全法制の原則

　EUにおける安全法制の原則とは，「ある種の産業活動には危険性」があることを公式に認めたことであろう（セベソ指令）．その産業活動とは，原子力，石油化学工業，鉄道，機械工業のすべてに及ぶ．このような産業は，その内部で働く人々，および外部の地域住民に対して潜在的な危険性を有している．
　そこで，人間が何らかの原因でその健康，生命，財産が傷つけられ，奪われた時，EU諸国は次の三つの原則に基づいて解決に当たることに合意した．
① 原因発生者責任主義
　その損害を作り出した者がその原因と対策について熟知しているので，責任はその発生者へ向かって遡及するのが正しく，また合理的である．
② 現状回復主義
　損害の形態は多種多様であり，その時価を計算するのは大変難しい．古来，それを現状へ回復することが紛争を解決する最良の策とされてきた．

③ 平等・公正主義

域内のすべての人間に対して同等の安全を保証する原則.

① は,世界の先進諸国の民法における損害賠償請求権の規定と一致する.この際,過失責任主義を採るか,無過失責任主義を採るかでその方向は大きく分かれる.これについて後で述べる.

③ は,民主主義体制においては当然保証されるべき平等,公正の概念に当たり,大変重要な概念である.例えば,危険性を定量化するのに直線的尺度があるか否かの厳密な議論は別として,原子力発電所の 100 m 近傍と 100 km 離れた所に住む人では,その危険性の大小に明らかに差異があることは直観的にわかる.同じ国民で,同じ国税を払っていてこれは不公正,不合理といわなければならない(リスクの均等分配の原則).

また,高度に危険な労働に従事する労働者,例えば深海で作業する潜水夫は常に潜水病の危険に曝されている.この危険性の限界は,高空を飛行し,常に宇宙線に曝される民間パイロットの発癌リスクと同じ水準でなければ公正とはいえない.ここから危険(リスク)の定量化という課題が生じる.

1.2.3 セベソ指令を境にして

ここで 1980 年代に至り,正に革命的な変容を遂げた欧州,および米国の安全法制の歴史的経緯を簡単に追っておこう.

1982 年,欧州共同体(当時 EC)閣僚理事会は,その加盟国に対して安全・環境に関する厳しい立法処置を求めた.その結果,加盟諸国は化学工業などが作り出す新たな危険性を制御する一連の法律を整備した.この閣僚理事会指令の正式の名称は

"The European Council Directives on the Major Accident Hazards of Certain Industrial Activities"

であるが,普通はセベソ指令と呼ばれている.本指令の背景となったのは 1974〜1976 年のわずか 28 カ月の間に発生したフリックスボロー,セベソなどの重大事故が残した教訓である.その教訓とは,危険性・有害性物質を扱う産業活動で作り出される新たな危険に対して,所轄官庁には古い手法(簡単な届け出等の行政手法)しか残されていず,これらはほとんど無力であっ

た，という点である．

セベソ指令は，EC加盟各国に対して危険性を伴う産業活動に対して，その危険性を制御する厳しい立法処置を求めたが，最終的には各国において「受動的な安全管理」から「能動的な安全管理」という形で国内法制化が完了した（1990年までに完了）．換言すれば「安全の管理」から「危険の管理」へと大きく様変わりをしたという点においてその意義は大きい．

1.2.4 OSHA[†]の新規則

米国が経験した主要な重大事故とは1984年のボパール社（インド，1 000名以上死亡），1986年10月のフィリップ社の化学プラント（死亡22名，負傷132名），1990年7月のArcoケミカル社（死亡17名）ほか，BASF社，IMC社などの事故がある．近年は，人身事故よりはむしろ有害物質の環境への流出・拡散に対して関心が向けられている．このような状況に鑑みて，OSHA規則に限らず化学プラントの危険性を事前に評価する実務的手法のコードが世界銀行，ILO，OECDより発行されている．

一方，OSHAはボパール事故後，国内炭化水素製造業者，ユーザーを対象に広範な調査を行ない，この過程で既存のOSHA規則が，製造プロセスで発生する有害物質，あるいは危険物質の継続的暴露や大規模な放出から労働者を保護する点で有効でなかったこと，さらには潜在危険に対する規定が貧弱であったことを認め，規則改善のための一連の準備活動を開始した．この活動の成果として新規則（案）"Process Safety Management of Highly Hazardous Chemicals"が1990年7月17日付けのFederal Registerに公表された．

このドラフトに対して，公聴会が数多く開かれ，また各業界から様々な意見が寄せられたが，フィリップ社，Arcoケミカル社の二大事故の後でもあり，結局，大方の支持を得て1992年2月24日付けのFederal Registerに化学プロセス安全に関する上記の最終規則が公開された．この規則に記載された使用者側の最重要責務は「プロセス安全解析（Process Safety Analysis：PSA）」の実施である．

[†] 米国の労働安全衛生庁

使用者は，各プロセスの潜在危険性の水準，関係する従業員数，操業経験などを考慮して解析対象の優先順位を定め，遅くとも1997年の春には全プロセスの安全解析の実施を終了しなければならなかった．PSAではWhat-if, Checklist, Hazop, FMEA, FTAなどの手法を一つ以上適用しなければならない．この分析には当然プロセスの『P＆I線図』の解析が含まれ，その結果，プラントの計装系の信頼性も解析の対象となった．

1.2.5 先進各国の責任規範の法制
(1) 過失責任より無過失責任へ

先に述べたように，セベソ指令を境にして危険性を伴う産業活動における安全管理の方式は劇的な変貌を遂げた．すなわち，伝統的な注意義務遵守をベースにした「手続き遵守」型から「危険の管理」型への管理思想が転換したのである．これは責任規範についても，従来の過失責任から無過失責任を指向した「厳格責任」へと向かっていることを意味する．

このような国際的な動向を受けて，わが国でも民法の抜本的な改正が諮られ，伝統的な過失責任規範の体制は近代的な無過失責任の体制へと向かいつつある．具体的にいえば，民法709条（同様に国家賠償法1-4条）に見られる「故意または過失による～」という要件よりは，むしろ「安全配慮の責務」に重点が移りつつある．

この趨勢にいち早く取り組んだのは欧州であって，「どの程度の事前の安全配慮をするか」の水準に国際的な整合性を持たせようとする「グローバルな安全基準の策定」である．CEマーキングは，このような路線の上で導入された自己認証型の安全規格であり，その貿易上の影響は，既にわが国に及んでいる．そこで，本項では先進各国の責任規範の法制を拾い読みしておく．

(2) 過失責任の原則

過失責任は，最も古い形での安全性に関する法制とみることができる．産業革命の開始時期には，工業技術の発展が常に法よりも優先されたので，工業施設の建設や運転に関する法制は何もなかった．ただ，他人の身体，生命または財産を故意，もしくは過失により損傷することを禁止した一般的な法

律（日本では民法709条）が存在しただけであった．にもかかわらず，これを行なった者は特別に処罰されるか，普通は損害賠償に応じなければならなかった．したがって，まず損害賠償というものが先にあった．例えば，ドイツ連邦共和国法律の基幹的な損害賠償責任規定はドイツ民法823条にある．

第1項：故意又は過失により他人の生命，身体，健康，自由，財産及びその他の権利を不法に侵害した者は，これによって生じた損害を賠償する義務を負う．

第2項：他人の保護を目的とした法律に違反した者に対しても同一の義務が生じる．

ここで，第1項は列挙された法的な財貨を保護しているが，財産を純粋に経済的な損失からは保護していない．しかし，第2項はこの要件を充足している．

ドイツ民法823条のような規定は，罰則と同様に行為者の過失責任をその要件としている．つまり，行為者を「過失」によって当初の行為意思を非難できる法制となっている．

安全性に関する法制では，「過失責任」の原則はかなり不都合な結果を生み出す．つまり，この規範は大変広く，基本的に人間行動のすべての規範を網羅することができる．それは，大変わかりやすく秩序だった法律を作り出すが，実際の成果はそれほどでもない．

その理由は，本質的にどのような基準を用い，過失責任を判定するかが問題となる．具体的には，第1項の適用範囲については法律的な基準が欠けている．このため，行為義務に関しては判例を参考に過失責任を立証しうる基準を規定する広範囲なカタログを作らなければならない．技術基準と法規とは，「必要にして且つ十分」な基準になるので，行為義務を作成する場合には特に重要な役割を果たした．

しかし，この方式は新たな技術革新によって作り出された新種の危険の増大や，逆に技術進歩の恩恵を受ける危険の低減に対して直ちに対応することができない．とりわけ，微小な有害物質汚染のような一時的には何ら問題ないが，長期的には労働者の健康を損なう労働環境の悪化に対して効果的な対

応ができない．また，時代とともに集積さたれた膨大な技術規制のカタログは，現在「規制緩和」の攻撃の的となっている．

(3) 最新の安全法制のモデルとしての厳格責任

西欧では，19世紀になって工業の飛躍的発展とともに，過失責任主義の原則がかなり不完全なものであることが次第に明らかになってきた．責任は直接の行為者に関連し，そのため，分業組織の企業においては往々にして間違った人の責任が訴求された．蒸気機関ボイラマンが爆発時に責任を問われても，経営者はその従業員に対して過失がないと主張できたため，真の責任の所在が曖昧になってしまうことも稀ではなかった．このような社会的に弱い立場の者を守るために，既に1971年にドツイ・ライヒ雇用者賠償責任法を通じて，鉄道および特定工業施設の経営者に対して厳格責任（危険，あるいは無過失責任）が採用された．厳格責任では責任を根拠づける要素としての過失は考えない．

しかし，工業施設の操業による危険の増大に備えるため，危険性を伴う工場設備の所有者に対して，その施設より排出するすべての被害に対して一般的な責任を課すことにした．ドイツ帝国雇用者賠償責任法や，これに続く道路交通法第7条，航空事業法第33条，原子力法第25条がより高度の危険に対処する特別法として整備された．

(4) 先進諸国の安全法制

① ドイツ

厳格責任において工業製品の使用，もしくは「工業施設の運転と損害発生との因果関係」をもっぱら責任の要件として要求する．見方を変えれば，従来の過失に代わって技術の「瑕疵(かし)」による危険の発生が責任要件となると考えてよい．とはいっても，厳格責任が無条件で発生者責任を問われるわけではない．むしろ原則的に包括的な評価という視点から，その適用には限界がある．例えば，リスクの予見可能性，過失相殺，不可抗力などの形で責任を緩和する道を拓いている．

② フランス民法1384条

過失責任に関連して，労働者の過失と雇用者責任との法的関係が最も厳し

いフランスの例を挙げておこう．この法的基礎はナポレオン法典に由来するが，それは管理責任を含むすべての損害の発生者責任について言及している．すなわち，「人はその固有の行為によって生じた損害に対してのみならず，その人の管理下にある要素，あるいは管理下にある事柄が作り出す損害に対して責を負う」とあり，この法令には故意または過失の要件規定は見当たらない．このように，国際的に見て責任規範による賠償責任はフランスのモデルに近づきつつあるが，これはフランスがEUの中で指導的な役割を担っている点と，このモデルが多様化・複雑化する科学技術の負の脅威に対して最も効果的に対抗し得るシンプルな法的原理である点に起因している，と推測される．

1.3 グローバルな国際安全基準

1.3.1 安全の定義

安全とは事故や災害が起こらないことであり，これを回避するには正しい規範を厳格に守ることである．それでも起きてしまうのは，人間の過失や過誤によるものである．これが先に述べた過失責任主義の原則であった．その結果，すべての人的過誤を皆無にしようとする涙ぐましい努力が続けられる．このような路線は，安全が運転者の注意力のみに依存する交通機関の事故形態や，建設災害においては正解だろう．

しかし，化学熱現象や材料の疲労・腐食現象など，自然科学で完全に捉えられない複雑な要因が関係するプラント事故の場合，人間の注意力に全面的に依存するのは酷というものであろう．そもそも人間の歴史そのものが人的錯誤の歴史といってよく，人間は時代，時代に応じたその対抗処置としての防護策を考案してきたのである．

そこで，安全とは「危険な状態でないこと」という従来の定義を捨て，むしろ発想を逆転し，安全とは「危険が最小の状態であること」という新たな枠組みを構築すべきではなかろうか．ここから危険を最小にする安全工学の方策と効果とが具体化する．ここで導入されるのがリスクという概念である．

EU法制でも，安全管理の原則を「リスク管理」へと新たな転換を図った結

果，幾つかの基幹的な指針が発行された．その最も有名なものは ISO/IEC ガイド 51 の規定であり，ISO/IEC が発行するすべての国際安全規格はこのガイドの精神に準拠するように要請されている．いわゆるグローバルな安全規格の出現である．

1.3.2 ISO/IEC ガイド 51

(1) 適用範囲

本ガイドは「安全が係わる」規格を作成する場合，その規格の体系を提供するものであり，安全が関連がするすべての項目に適用される．

ここでよく既発の ISO 9000 などと内容が混同されることがあるが，品質と安全とは同義語ではなく，品質規格と安全規格とのそれぞれ固有の役割を混同すべきではない．しかし，安全要求項目の充足を完璧にするためには，当然品質要求項目の充足がその前提となり，両者はまったく無関係ではない．

(2) 安全という用語の意味

通常，安全（あるいは安全な）という用語は，防護する〜警告するなどの働き（機能）を表わす言葉として，またはそれらの言葉に付随して使用される．これは，完全な誤りとはいえないが，文章二「安全な」という表現に拡大使用されると適切な表現ともいえない．その理由は，安全という表現が危険性 0 の安全宣言として解釈され，以後の思考停止のトリガーとなる可能性があるからである．

したがって，表現目的に応じて「安全な」を別の適切な働きを表わす言葉におき換えて使うのが好ましい．例えば，安全帽という代わりに保護帽，安全リレーの代わりに防護リレーというように．

なお，基本的な用語の定

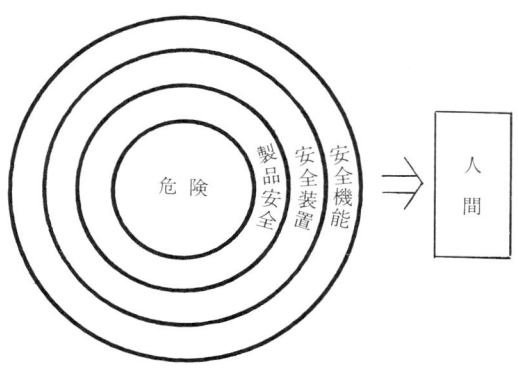

図 1.1 機械の危険から人間を防護する三つの方策

義を次に抜粋しておく．
- 安全：許容し得ないリスクが存在しないこと
- 危険事象：損害を生じ得る危険な状況
- リスク：損害の発生確率とその損害の重要度の組合せ
- 許容可能リスク：社会の現在の価値観に基づいて，所与の状況の中で受け入れられるリスク
- 残留リスク：予防処置を講じた後に残留するリスク
- 防護（予防）処置：少なくとも許容し得るリスクに到達するために採る複数のリスク低減策

まとめとして，上述の諸概念を用いて実現される安全の概念を図1.1に示す．

（3）リスク低減プロセス

技術のすべての分野，例えば工業製品，製造工程，役務のいずれを採っても，何らかの基準が採用され，そこに安全が関係してくる．その複雑度が増すにつれ，安全の重要性は増すばかりである．これらの諸例において，「絶対の安全はなく，多少のリスクが残存する」と考えなければならない．すなわち，今の製品，工程に現存する安全は相対的なものである．このリスクは多重的な防護策によってある水準（許容可能なリスク）まで低減させることができる．これをリスク低減プロセスと称する．

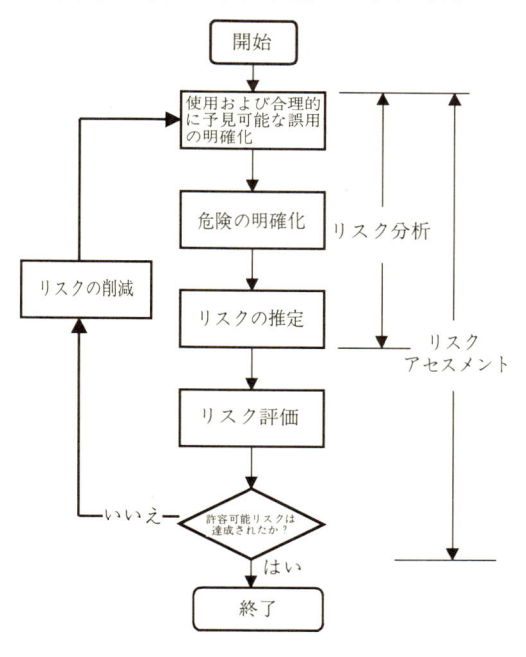

図1.2 リスク査定の流れ

ここで許容可能なリスクとは，絶対安全の理想と，製品，工程または役務（検査などのサービス）に期待される要求仕様と，利用者の利益，目的適合性，費用対効果の水準，または背景としての社会の慣行との絶妙なバランスによって決まる．許容可能リスク（Tolerable risk）は，リスク分析とリスク評価を組み合わせたリスク査定（図1.2）の繰返し過程によって決定される．

1.3.3 EN954—機械の安全性（制御システムの安全関連部分）—[†]

さて，セベソ指令の波及効果は環境・安全の各分野に及んだが，機械部門でいえば「機械指令」が最も重要である．これについては後章で詳述する．

矢継ぎ早に発行された機械の安全規格は，「安全配慮の原則」からいってほぼ強制に近い．そして，具体的には機械設備のリスクを低減する具体的方策として「安全装置」の組込みを必須の条件として規定している．まず，安全装置に制御の一部を使用する場合の基準がここに規定されている．

機械制御システムのある部分は，しばしば安全業務（safety task）に割り当てられる．それらは安全関連系と呼ばれる．これらの部分は，基本的にはハードウェアとソフトウェアから構成され，制御システムの安全機能を提供する．安全業務は，その性質と重要性とにおいて本体システムの業務と異なっている．したがって，制御システムが考える安全機能，および結果として採用される対策もまた異なる可能性がある．この規格の対象範囲は，梱包機械，印刷機械，プレスのような複雑な製造設備に至るまで，あらゆる種類の機械を対象としている．

この欧州規格は，制御システムの安全関連部分の設計において必要となる安全機能の考え，原理および仕様を定め，その特性を説明するものである．

安全対策の選定と設計手順は，次に示すようなステップで行なう．

① 危険状態の解析と危険度評価
- EN292-1などの危険度評価に従うことにより，機械寿命の各段階，およびすべての動作モードにおいて機械に存在する危険状態を識別する．

[†] 現在，ISO/IEC DIS 13849-1

- これら危険状態から派生する危険度を評価し，EN 292-1 などに従ってその用途に応じた安全性の水準を判定する．
② 必要な安全性の水準まで危険度を低減するための要求事項を定める
- EN 292-1 の表 2 に記載された階層的方法で危険度を減少する方策を採る．
③ 制御システムの安全関連系に対する安全要求事項を規定する
- システム内の安全機能，制御モード，インターフェイスを規定する．
- 制御システムの安全関連系に必要とされる安全度水準を規定し，いかにそれを実現するかを決定する（ハードウェアのアーキテクチャの決定）．
④ 設計
- ③項および安全機能に関する一般目的で規定した仕様に従って安全関連系を設計する．
- 予見可能な故障を考慮に入れながら，各段階に応じて設計を検証する．
⑤ 妥当性検証
- ③項の規定に対して安全機能とその割当ての妥当性を検証する．
- 制御システムの安全関連系の設計にプログラム可能な電子回路が使用されているときには他の詳細な手順が必要とされる．

以上の五つのステップにより構成されるプロセスを必要があれば繰り返す．特に，電気/電子/プログラム機構を内蔵する安全関連系については別に定める IEC 61508 または IEC 61511 の国際規格に従う．

1.4 本書の意図と内容

1.3.3 項で述べたとおり，「機械設備の安全性」に対する国際規格は包括的な統合を目指し整備されつつあり，わが国への影響は海外に係わる流通やプラント建設などの経済活動の面で既に現われている．今後，法制面では相当の遅れを伴うものの，いずれ国内の機械・設備の安全対策はその国際的な路線に沿って進むものと推測される．しかし，わが国の現状は確率・統計学に

第1章 機械安全工学の枠組み

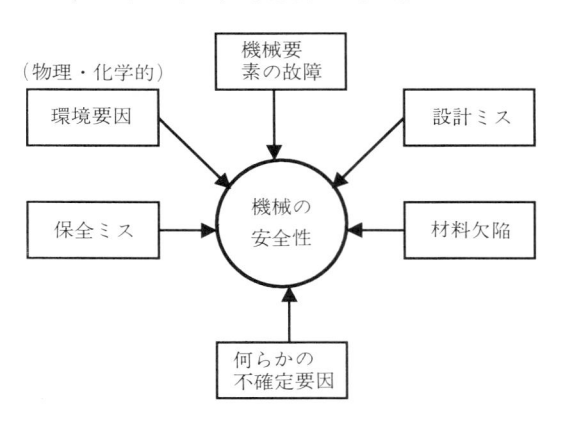

図1.3 機械の安全性に攻撃を加える諸要因

（図中：環境要因（物理・化学的）、機械要素の故障、設計ミス、保全ミス、材料欠陥、何らかの不確定要因 → 機械の安全性）

根拠をおく安全対策には馴染みが薄く，教育の面で大きく遅れているといわざるをえない．そこで，本書の意図は国際安全規格に盛り込まれたリスク算定の数学的基礎，規格の中核となる諸概念の解説を総括的に提供することにある．

その構成に当たり，まず「機械の安全性」を脅かす諸要因を図1.3のように考えた．その上で，機械の対人リスクを確実に漸減する工学的方法として，機械の防護，機械・プラントの安全機能，製品安全について，関連する国際安全規格の要点とその考え方を解説した．

第2章　信頼性工学の数学的基礎
―安全装置を中心として―

2.1 はじめに ―安全装置の信頼性のキーポイント―

　本章の目的は，機器/装置の作動信頼性を考えるときに必要となる数学的基礎事項を，本書の扱う範囲である安全装置を中心にして，基礎からまとめることである．

　ところで，一般に信頼性の高い機器あるいは部品を用いれば高い割合で正常な運転が保持されるから，結果として高い安全性が得られると考えられることが多い．すなわち，安全性と信頼性は同一であると考えられることがあるが，決して同一ではない．そこで，本章のはじめに，この点についてまとめておく．

　① 安全装置は，一般には必要なときのみ作動する待機系であり，故障が潜在化する可能性がある．そのために，定期的な確認試験（診断テスト，proof test，本章と第3章で述べる）の実施が不可避であり，かつ安全性に大きく関与する．

　なお，4.2節，4.3節で述べる「安全確認型」は，図4.1に示す条件下で，この問題を克服しようとするものである．

　② 安全装置と信頼性工学の評価基準の違い：本章で記すが，安全装置の作動信頼性の基準である Probability of Failure on Demand（PFD：作動要求当たりの機能失敗確率）は安全装置のアンアベイラビリティーである．しかし，従来の信頼性工学で着目していた点とは次のように異なる．

- 信頼性工学のアベイラビリティーは，一般に，装置/システムが満足に使用できる割合，つまり稼働性の指標である[1]．
- 安全装置の PFD は，"いつ発生するか予測できない事象に対応して作動できる"という準備性の指標である．

③ 狭義の（単体の）安全装置は，ある事象からの防護を目的とする．したがって，広い視野から見ると新たな異種の危険源を導入することがありうる．

例えば，安全弁の設置目的は，圧力が規定値より高いときに弁を開いて圧力を下げ，容器の大規模な破壊を防ぐことである．しかし，このことは，正常なときでも内容物の流出を許す危険性が出てくる．この場合，過圧防止という機能を重視して2，3個の安全弁を並列に配列するとその効果は大きくなるが，正常時の漏れという不具合の発生確率も大きくなっている〔2.7（2）項参照〕

このことから，要求される安全機能を考慮した安全に関連する系全体の検討と評価が必要である．

④ 信頼性の問題は経済性（＝稼働率）の議論となるが，安全は過失，損害の議論となる（第1章参照）．

以上の点を踏まえた上で，以下の（1），（2）項に二つの問題を提起し，なぜ，そして，どのような信頼性工学の基礎が必要なのかを明らかにする．

(1) 劣化と寿命

工業製品に限らずすべてのものは劣化し，ついに寿命に至る．生物もそうであるし，例えば，家庭で使用している電球も同様である．本書で主に議論している安全装置も同様である．そして，これには次の性質がある．

・寿命は確率変数であって，仮に使用条件が同一であっても，寿命はある分布を有し，個々の機器の寿命をあらかじめ知ることはできない．
・寿命を決める要因は多くあり，またその寄与の大小があるので，単位時間に故障を起こす割合である故障率ですら確定的に知ることはほぼ不可能である．

すなわち，ある機器がいつ故障するかは不明である．これに対処するのが，劣化と寿命を扱う信頼性工学である．ただし，安全装置には，次の（2）項で述べる扱いが必要である．

(2) 安全装置による防護

安全装置の一種である緊急停止装置は，異常（温度の限度を超えた上昇な

ど）の有無をセンサで監視し，必要なときに停止処置（加熱の停止と冷却，原料の供給停止など）を講ずる．このような異常状態への対応を安全装置による防護と呼ぶ．安全装置は（1）項で述べた劣化寿命から逃れられないが，安全装置が機能しないと，防護措置が行なわれない．したがって，安全装置が必要なときに確実に作動するという信頼性がキーポイントとなる．

ところで，安全装置は通常は作動していないので，故障発生を知ることができず，定期的に入力端にある信号を入れ，作動することを確認する（診断テスト）ことが必要であり，そのテスト間隔は，安全装置の作動の信頼性に大きく寄与している．

以上のことから，診断テストのある場合の安全装置の作動信頼性の計算が重要である．本章の目的はこの基礎を示すことにある．ここでは，解析手法として，信頼性ブロック線図とマルコフモデルを取り上げる．信頼性ブロック線図（2.5.2項）は，系を構成要素の直・並列などの組合せに分解し，各要素から全体の信頼性を求める基本的な方法である．マルコフモデル（2.5.3項）は，系が種々の状態を取りうること，そして，ある状態から他の状態へ遷移することを明確に意識した方法である．

2.2 寿命分布

一般に，プラントの機器，その制御装置，監視装置，工作機械，安全監視装置など，多くのものに有限な寿命が存在し，かつそれはある定まった値ではなく，分布している．すなわち，ある（1個の）機器があるとき，あらかじめその寿命を150時間などと知ることはできない．いえることは，200時間を越えることはほとんどありえないなどということである．同一機器の寿命を多数観察すると，その寿命分布（ヒストグラム）がある形に収斂していく（図2.1）．すなわち，個々の機器の寿命を確定的に知ることはできないが，その集団の振舞いは予想できるようになり，したがって，平均寿命やそのばらつきが予想可能となる．

この収斂する分布のことを確率分布といい，寿命のように個々には予測できないが，ある確率分布に従う変数を確率変数（random variable）という．

機器やそれに使われる部品（信頼性工学では，これらを総称してしてアイテムと呼んでいる[2]）は千差万別であるが，寿命分布は，おおむねワイブル分布，指数分布など，幾つかの分布で代表される．特に，指数分布は数学的に取扱いが容易であり，また実際多くのアイテムが指数分布に従うとみなせるので，広く用いられており，2.3節以降で考察するときは，機器の寿命はこの分布に従うとする．

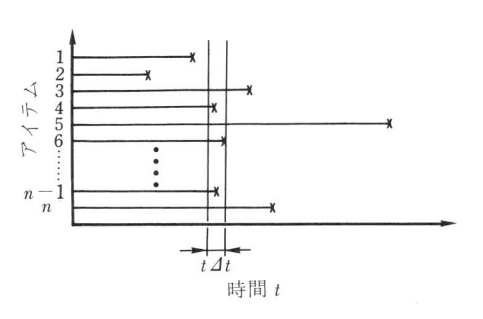

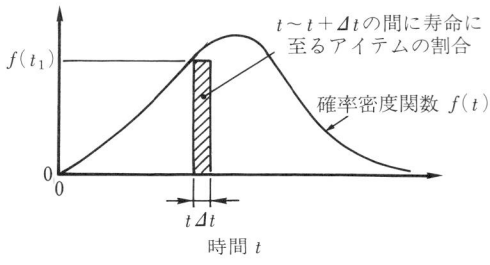

図 2.1 寿命分布

2.2.1 不信頼度関数，信頼度関数，確率密度関数，故障率関数

ここでは，この後の議論に必要な事項を要約しておく．本書が扱っているのは故障寿命あるいは故障間隔であって，確率変数は，時間という連続量であるから，以下，連続型の分布についてのみ扱う．ただし，参考のため，表2.1にはポアソン分布などの離散型分布も挙げてある．

(1) 不信頼度関数（故障分布関数）$F(t)$

供用開始から時間 t が経過したときに，もはやそのアイテムが有していた機能をなくしてしまっている確率である．例えば，100個のアイテムを供用していたところ，30時間後に25個が寿命に達していたとすると，

$$F(30)=0.25(=25/100) \tag{2.1}$$

となる．

(2) 信頼度関数 $R(t)$

不信頼度関数とは逆に，アイテムがある時間 t においてなお機能を果たし

表2.1 信頼性工学でよく使われる分布

分布	式
指数分布 (exponential distribution)	$R(t)=e^{-\lambda t}$ $(\lambda>0)$ $f(t)=\lambda e^{-\lambda t}$ $\lambda(t)=\lambda$ (一定) MTTF (MTBF) $=\dfrac{1}{\lambda}$
ガンマ分布 (gamma distribution)	$R(t)=1-\lambda^k \dfrac{\int_0^t x^{k-1}\exp(-\lambda t)\,\mathrm{d}x}{\Gamma(k)}$, $f(t)=\dfrac{\lambda^k t^{k-1}\exp(-\lambda t)}{\Gamma(k)}$ k が整数なら $R(t)=\exp(-\lambda t)\sum_{i=0}^{k-1}\dfrac{(\lambda t)^i}{i!}$, $\lambda(t)=\lambda^k \dfrac{t^{k-1}}{(k-1)!\sum_{i=0}^{k-1}\dfrac{(\lambda t)^i}{i!}}$ MTTF $=\dfrac{k}{\lambda}$
ワイブル分布 (Weibull distribution)	$R(t)=\exp\left[-\left(\dfrac{t-\gamma}{\eta}\right)^m\right]$ $\gamma \leq t < \infty,\ \lambda>0,\ m>0$ $f(t)=\dfrac{m}{\eta}\left(\dfrac{t-\gamma}{\eta}\right)^{m-1}\exp\left[-\left(\dfrac{t-\gamma}{\eta}\right)^m\right]$, $\lambda(t)=\dfrac{m}{\eta}\left(\dfrac{t-\gamma}{\eta}\right)^{m-1}$ MTTF $=\eta\,\Gamma\left(1+\dfrac{1}{m}\right)$
正規分布 (normal distribution)	$f(t)=\dfrac{1}{\sqrt{2\pi}\sigma}\exp\left[-\dfrac{1}{2}\left(\dfrac{t-\mu}{\sigma}\right)^2\right]$
対数正規分布 (logarithmic normal distribution)	$f(t)=\dfrac{1}{\sqrt{2\pi}\sigma t}\exp\left[-\dfrac{1}{2}\left(\dfrac{\ln t-\mu}{\sigma}\right)^2\right]$ MTTF $=\exp\left(\mu+\dfrac{\sigma^2}{2}\right)$
二項分布 (binominal distribution)	$P_r(X=k)=\binom{n}{k}p^k(1-p)^{n-k}$ $(k=0,1,2,\cdots n)$ (1回の試行において，ある事象の実現する確率が p であるとき，試行を独立に n 回繰り返し，この事象が k 回実現する確率)
ポアソン分布 (Poisson distribution)	$P_r(X=k)=\exp(-\mu)\dfrac{\mu^k}{k!}$ $(k=0,1,2,\cdots)$ (独立の試行を繰り返したとき，ある事象が k 回実現する確率)

ている確率である．上の例では

$$R(30)=0.75(=75/100) \tag{2.2}$$

となる．明らかに

$$F(t)+R(t)=1 \tag{2.3}$$

となる．

（3）確率密度関数 $f(t)$

ある時間 t と $t+\Delta t$ との間に寿命に達するアイテムの割合を $f(t)\Delta t$ と示したもので，これは（$t+\Delta t$ までに寿命となるアイテムの割合）－（t までに寿命となるアイテムの割合）であるから，

$$f(t)\Delta t = F(t+\Delta t)-F(t) \tag{2.4}$$

となる．したがって，$\Delta t \to 0$ とすると，

$$f(t)=\frac{\mathrm{d}F(t)}{\mathrm{d}t} \tag{2.5}$$

となる．式（2.4）より，

$$f(t)=-\frac{\mathrm{d}R(t)}{\mathrm{d}t} \tag{2.6}$$

である．また，$\int_t^\infty f(t)\mathrm{d}t$ は t 以降に故障するアイテムの割合，すなわち，t ではまだ寿命となっていないアイテムの割合と一致するから，

$$\int_t^\infty f(t)\mathrm{d}t = R(t) \tag{2.7}$$

であり，同様に $\int_0^t f(t)\mathrm{d}t$ は，t までに寿命となったアイテムの割合であるから，

$$\int_0^t f(t)\mathrm{d}t = F(t) \tag{2.8}$$

である．

先の例で $t=30$ 時間から $t=31$ 時間の間に新たに5個のアイテムが寿命に達したとすると，$f(30)\cdot 1$ 時間 $=0.30-0.25=0.05$ であるから，

$$f(30)=0.05\,(1/時間) \tag{2.9}$$

となる．

t_1 で寿命となるものが $f(t_1)$, t_2 で寿命となるものが $f(t_2)$, … となるから, 平均寿命 L は

$$L = \frac{t_1 f(t_1) + t_2 f(t_2) + \cdots}{f(t_1) + f(t_2) + \cdots} = \int_0^\infty t f(t) \, \mathrm{d}t \tag{2.10}$$

となる. ここで, 分母＝1 となることを用いている.

(4) 故障率関数 $\lambda(t)$

時刻 t から $t + \Delta t$ の間に寿命となったアイテムの割合 $f(t)\Delta t$ と, そのとき機能していたアイテム $R(t)$ との比の極限 ($\Delta t \to 0$) で,

$$\lambda(t) = \frac{f(t)}{R(t)} \tag{2.11}$$

である. 先の例では, $\lambda(30) = 0.05/0.75 = 0.067$ (1/時間) となる.

以上の各関数の関係を図 2.2 に示す.

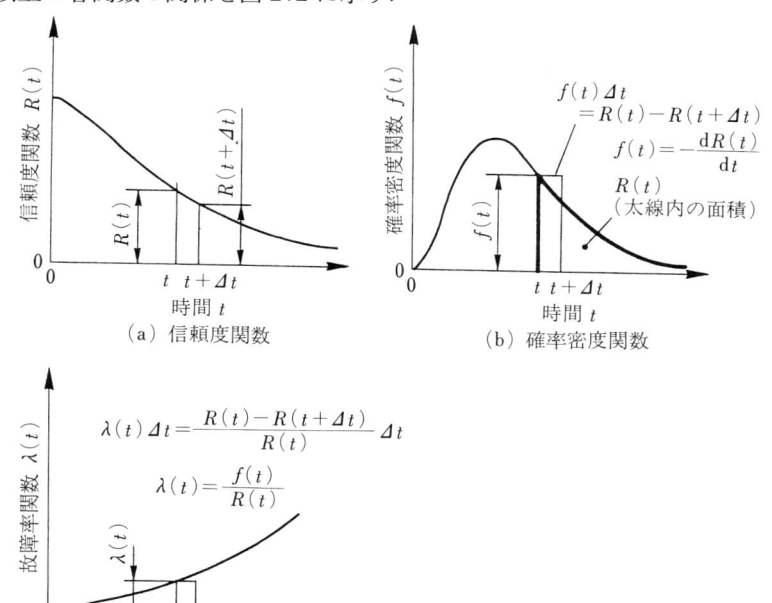

図 2.2 信頼度関数, 確率密度関数, 故障率関数の関係

2.2.2 本書で扱う確率分布

(1) 指数分布

信頼度関数などが次式で示される.

$$\left. \begin{array}{l} R = e^{-\lambda t} \quad (t \geqq 0, \quad \lambda > 0) \\ f = \lambda e^{-\lambda t} \\ \lambda = \lambda (一定) \end{array} \right\} \quad (2.12)$$

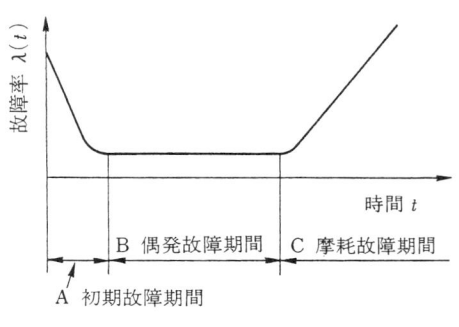

図2.3 バスタブ曲線

次の(2)項のワイブル分布で$m = 1$となった場合である.ワイブル分布の特殊形であるが,次の特徴から寿命解析やシステムの信頼度の解析に広く用いられている.

① 故障率が時間に関係なく一定であり,これは,いわゆる偶発故障期〔バスタブ曲線[2]],図2.3のBの期間〕のモデルになっている.
② 平均故障寿命MTTF(または後述のMTBF)が$1/\lambda$,すなわち故障率の逆数となり,直感的に理解しやすい.

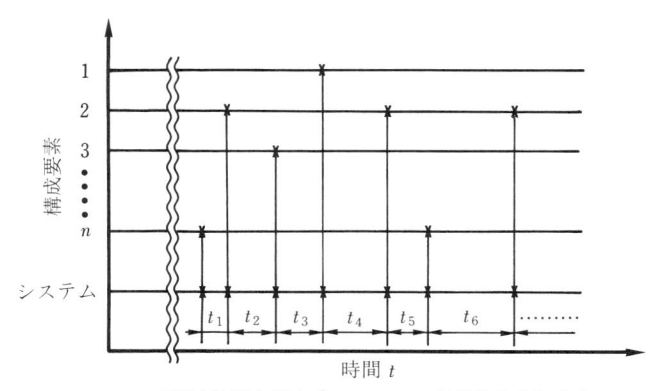

×印は故障を表わす,$t_1, t_2 \cdots$ が指数分布になる

図2.4 ドレニクの定理(多数の部品からなる系の故障間隔は指定分布に従う)[3]

③ 式の形が平易で，したがって解析が行ないやすい．
④ ① より多くの寿命分布が指数分布となるが，それ以外に修理系において，構成部品の故障により生じるシステム故障の間隔が指数分布に従うというドレニック（Drenick）の定理（図 2.4[3])）からもこの分布が重要である．この定理は，構成部品の寿命分布がどのようなものであっても成り立つ．
⑤ 修理系では故障時に修理を行なうが，これに要する時間を修理時間という．修理時間も指数分布に従うとみなせることが多い．

② で記したが，指数分布では，平均寿命 L は，

$$L = \int_0^\infty t f(t) \, dt = \int_0^\infty t \lambda e^{-\lambda t} \, dt = \frac{1}{\lambda} \text{時間} \tag{2.13}$$

となる．

(2) ワイブル分布（参考）

ワイブル（W. Weibull）が提唱した分布で，信頼度関数などが次のように表わされる．

$$\left. \begin{aligned} R(t) &= \exp\left\{-\left(\frac{t-\gamma}{\eta}\right)^m\right\} \quad (t \geq \gamma > 0, \quad m > 0, \quad \eta > 0) \\ f(t) &= \frac{m}{\eta}\left(\frac{t-\gamma}{\eta}\right)^{m-1} \exp\left\{-\left(\frac{t-\gamma}{\eta}\right)^m\right\} \\ \lambda(t) &= \frac{m}{\eta}\left(\frac{t-\gamma}{\eta}\right)^{m-1} \end{aligned} \right\} \tag{2.14}$$

ここで，各パラメータ（母数），η を尺度パラメータ，m を形状パラメータ，また γ を位置パラメータという．供用開始後時間 γ が経過するまで故障が生じない場合には位置パラメータが有用であるが，通常はそのようなことはないので，$\gamma = 0$ として差し支えない．さて，m に値より，

$1 > m > 0$：時間 t の経過とともに故障率 $\lambda(t)$ が減少する．〔バスタブ曲線（図 2.3）の初期故障期 A に該当〕

$m = 1$：時間 t の経過にかかわりなく故障率 $\lambda(t)$ は一定．〔同偶発故障期 B に該当〕

この場合, $\lambda = 1/\eta$ の指数分布となる.

$m > 1$：時間 t の経過とともに故障率 $\lambda(t)$ が増加する.〔同摩耗故障期Cに該当〕

となり, 広範な寿命分布の解析に使用できる. また, 寿命データから m の値がわかれば, 故障の形態が推測できるので, 対策立案に役立つ.

ワイブル分布では, $\mathrm{MTTF} = \eta \Gamma(1 + 1/m)$ となる. ここで, $\Gamma(\cdot)$：ガンマ関数である.

2.3 安全装置によるリスクの低減

従来は, 過去の経験から装置の改善を行ない, また設備の強度などの信頼性を向上させることにより故障を低減させ, 事故防止に役立ててきた. しかし, この方法では未知の事故に対して完全な対処法を提供しえない. また, プロセスに作用する力, 圧力, 温度, また部材の強度やその劣化の進行, 制御機器の特性変化の程度などの諸要因は不規則に変動しており, 種々の条件が重なって, ごく小さな確率で発生する突発的な事象に対応困難である. 仮に十分な対応が可能だとしても, 不経済なものとなってしまう. さらに, 先に述べたように異常はランダムに生じるから, その発生がいつであるかも予想できない.

このことから, 異常事態の発生は不可避的であると考え, この事象に対処する防護手段をあらかじめ設けることは合理的と考えられる. その一つの方法は, プロセスから独立した監視と緊急停止を専門とする系を付加し, 異常が生じた場合にプラントを安全に停止させる機能を持たせることであった. この付加される系を安全関連系 (safety related system) という. その概念図を図2.5に示す.

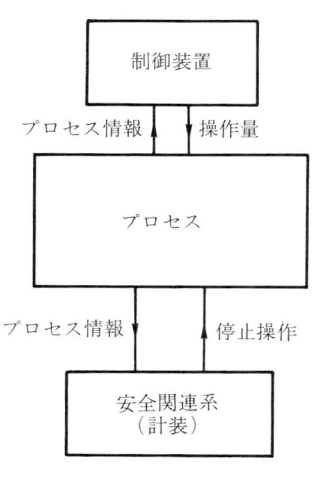

図2.5 安全関連系

本章で, 安全装置の作動信頼性に関して

議論するときは次のように考える．すなわち，安全装置の機能は，被害の大きさを軽減することではなく，プラントを停止させることによって事故を防ぐことである．したがって，安全装置が確実に作動するか否かに着目する．すなわち，安全装置のハードウェア/組み込まれたソフトウェアの故障，不具合によって必要な作動をしなくなるという事態が発生する確率に着目する．なお，ノイズや外乱，監視のアルゴリズムに起因する誤報や欠報の議論は大切であるが，ここではしない（本章の付録 参照）．

Lawley らは，過圧防止について，安全弁と計装による防護系を比較し，安全弁と計装トリップ（停止）系の故障モードの違いには特に注意が必要であることを指摘している[4]．すなわち，安全弁は規定圧力で開かなくとも，ある圧力まで上がれば開くであろうが，トリップ系では，規定圧力で作動しなければ，それ以降圧力が上昇し続けてもトリップは行なわれない．このため，安全装置の作動信頼性の検討が極めて重要なのである．

2.4 信頼性の評価指標―時間軸を中心に―

2.4.1 作動信頼性の評価

今まで述べてきたように，安全装置は安全装置が作動しなければならない事象，すなわち作動要求（デマンド）を生じさせる事象に対処するのが目的であり，その作動の確実性が重要である．それゆえに，評価指標として PFD（Probability of Failure on Demand），すなわち作動要求時に作動できない機能遂行の失敗確率が取り上げられる．文献によっては FDT（Fractional Dead Time：不作動時間率）といっているが，内容は同じで，ともに安全装置自身が故障していて対処できない時間の割合をいう．信頼性工学でいうアンアベイラビリティーである．換言すれば，われわれは安全装置のアンアベイラビリティーについて議論すればよい．

生産設備は，停止することで故障を知ることができる．一方，安全装置は，通常作動してない状態にあり，必要のあるときのみプラントの停止（トリップ）操作を行なう．それゆえ，故障して不作動状態になっていてもわからないので，定期的に作動確認試験（診断テスト）を行ない，その機能が保たれ

ていることを確認しなければならない．故障が発生しても，次の診断テストまでそれは潜在しているから，診断テストの間隔は，安全装置のPFDに大きく影響する[†]．

さて，PFDを所要の値とするための方策として個々の機器（要素）の信頼性を高めることがあるが，それ以上に有効なのが冗長系を設けることである．例えば，高いレベルの安全度が要求される場合，同一機能の要素を並列に組み合わせた構成とする．したがって，単一チャンネルのPFDの計算と，それらを組み合わせた構成に対するPFDの解析が必要となる．

ところで，たとえ冗長系，すなわち予備を用意しておいても，電源が共通であれば電源の故障ですべてのチャンネルが機能しなくなる．このような故障モードを共通原因故障といい，一般に冗長系である安全装置のPFDの評価において考慮すべき項目である．

2.4.2 平均寿命，平均故障間隔，平均修復時間とアベイラビリティー

この項では，安全装置に限らないで一般的な事項を確認する．機器には，テレビ，自動車のように故障が生じた場合に修理して再び使用する修理系と，電球のように故障したら廃棄する非修理系とがある．そして，その特性の違いのために各種評価指標の計算に用いるパラメータが異なる（図2.6）．

（1）非修理系

非修理系の場合，一度故障したら以降使用しないから，供用開始から故障に至るまでの時間が重要な要素であり，これを平均故障寿命（MTTF：Mean Time To Failure）または平均寿命（Mean Life）という．故障率λの指数分布の場合，

$$\mathrm{MTTF} = \int_0^\infty t\lambda e^{-\lambda t}\,dt = \frac{1}{\lambda} \text{ 時間} \tag{2.15}$$

となる．

[†] 後の第3章，あるいは，4.3節において，IEC 61508では連続モードと低頻度作動要求が規定されているという説明がある．この章では，基本を理解するという趣旨で，後者のモードに限って議論する．

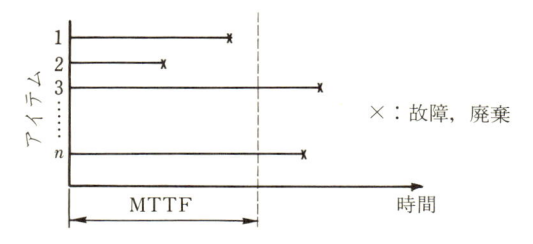

2.4 信頼性の評価指標—時間軸を中心に—　(27)

(a) 修理をしないもの (非修理系)

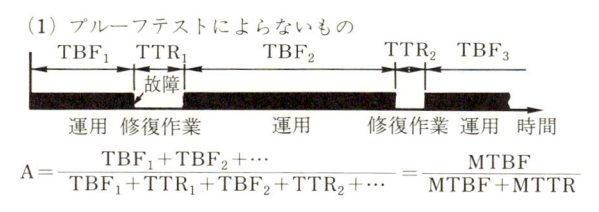

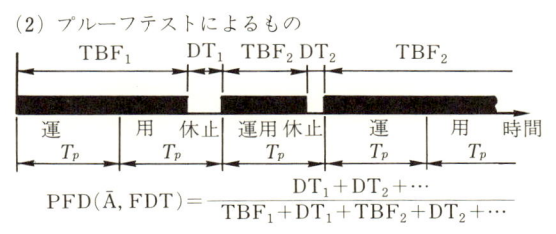

(1) プルーフテストによらないもの

$$A = \frac{\mathrm{TBF}_1 + \mathrm{TBF}_2 + \cdots}{\mathrm{TBF}_1 + \mathrm{TTR}_1 + \mathrm{TBF}_2 + \mathrm{TTR}_2 + \cdots} = \frac{\mathrm{MTBF}}{\mathrm{MTBF} + \mathrm{MTTR}}$$

(2) プルーフテストによるもの

$$\mathrm{PFD}(\bar{A}, \mathrm{FDT}) = \frac{\mathrm{DT}_1 + \mathrm{DT}_2 + \cdots}{\mathrm{TBF}_1 + \mathrm{DT}_1 + \mathrm{TBF}_2 + \mathrm{DT}_2 + \cdots}$$

(b) 修理を行なうもの (修理系)

図 2.6　時間軸でみた運用と休止

(2) 修 理 系

　修理系では故障回復後，また使用するから，再使用開始から再び故障するまでの間の時間，すなわち故障間隔が重要なパラメータとなる．そして，これの平均値を平均故障間隔（**MTBF** : Mean Time Between Failures）という．同様に，故障率 λ の場合には

$$\mathrm{MTBF} = \int_0^\infty t\lambda e^{-\lambda t}\,\mathrm{d}t = \frac{1}{\lambda} \text{ 時間} \tag{2.16}$$

である．**MTTF** と **MTBF** は，ともに $1/\lambda$ であるが，非修理系の場合は寿命，修理系では故障間隔であり，それぞれ意味が異なっている．

修理には，故障個所の特定，故障部位の取外し，故障の修理（または，取り替え），再組立て，点検，機能チェックという一連の流れがある．これ以外に，部品の発注と入荷待ちなどの時間が必要な場合がある．詳しく検討するには，これらの時間を積算する必要があるが，マクロ的に見て，修理時間（repair time）の分布は修復率 μ の指数分布になる．すなわち，修理時間の分布は次式で示される．

$$m(t) = \mu e^{-\mu t} \qquad (\mu > 0, \quad t \geq 0) \tag{2.17}$$

ここで，修復率 μ は修復作業を行なっているアイテムが引き続く単位時間内に修復を完了する割合を示す定数である．修復に関しては英字の m を用い，$M(t)$ を保全度関数といい，修理開始後時間 t が経過したときに修理が完了している確率を示している．すなわち，$M(t)$ は，故障の場合の不信頼度関数 $F(t)$ に対応し，$m(t)$ との関係は，

$$m(t) = \frac{dM(t)}{dt} \tag{2.18}$$

となる．平均修復時間 MTTR（Mean Time To Repair）は，

$$\mathrm{MTTR} = \int_0^\infty t \mu e^{-\mu t} dt = \frac{1}{\mu} \text{ 時間} \tag{2.19}$$

となる．すなわち，故障間隔と修理時間は，それぞれ故障率，修復率との逆数の関係がある．

修理系は，修理，再使用が繰り返されて長時間にわたり使用される．それでは，使用期間全体にわたっての指標にはどのようなものがあるだろうか．

① 故障が直ちに発見できる場合で，定期的な作動試験をしないもの

生産設備などが該当する．システムが機能している時間 TBF（Time Between Failures）と修理に要している時間 TTR（Time To Repair）が指標となる．そして，前述のように，その平均値を MTBF，MTTR といった．修理系が規定の時点で機能を維持している確率またはある期間中に機能を維持する時間の割合をアベイラビリティーとすると，アベイラビリティー A は，

$$A = \frac{\mathrm{MTBF}}{\mathrm{MTBF} + \mathrm{MTTR}} \tag{2.20}$$

となる．$\overline{A} = 1 - A$ をアンアベイラビリティーといい，これは不作動の指標である．

② 定期的な作動試験により故障が検知されるもの

安全防護系のように，通常は待機状態にあり作動しないシステムでは，故障が生じてもわからないから定期的な診断テストが必要となる．特に，緊急シャットダウン装置の場合，動作要求，すなわちプラントに異常が発生し，シャットダウン操作を必要とするとき，その機能を果たすことが重要であるから，先に述べた PFD という指標が安全防護系の信頼性を評価するために用いられる．

2.4.3 作動要求時の機能失敗確率（PFD）

冒頭に述べたように，緊急シャットダウン装置が機能を果たせない間にプラントに異常が生じ，プラントを安全に停止できないことがあると，それは安全装置の任務の不達成である．そして，そのようなことが生じる確率は，プラントの異常の発生がランダムであるならば，安全装置が不作動状態にある時間に比例するはずである．したがって，この機能を果たせない時間割合をもって安全防護系の信頼性評価指標とする．

本章では，危険側故障のみについて考える．すぐ後にこの時間割合の計算を示すが，ここでは，具体的な例（シミュレーション）で考えてみたい．ここでは，① 診断テストに要する時間はその間隔に比べて短く無視できる，② 診断テスト時の誤操作はないと仮定する．

安全装置の故障率は，$\lambda = 5 \times 10^{-6}$（1/h）$= 0.044$（1/年）の指数分布とし，故障までの時間をシミュレーションにより作成すると表 2.2 となる．このことから，診断テスト間隔を1年とすると安全装置の状態は，図 2.7 となる．図中，太線部は安全装置が機能していること，また細線部は機能を喪失していることを示

表 2.2 故障までの時間（シミュレーション）

回数	故障までの時間，年
1	1.2
2	33.4
3	11.3
4	16.5
5	2.6
6	6.2
7	17.9
8	91.0
9	4.5
10	18.5

(30) 第2章 信頼性工学の数学的基礎—安全装置を中心として—

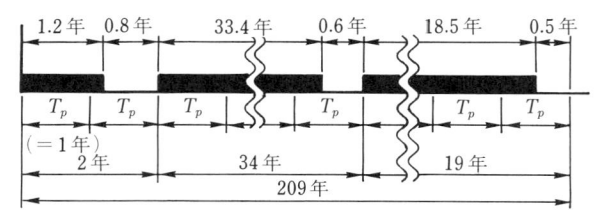

図 2.7 PFD の例（シミュレーション結果）〔$\lambda = 5 \times 10^{-6}$（1/h）= 0.044（1/年）〕

している．PFD は図中の細線部の割合であるから，

$$\text{PFD} = \frac{0.8+0.6+0.7+\cdots\cdots+0.5+0.5}{2+34+12+\cdots\cdots+5+19} = 0.028 \qquad (2.21)$$

となる．これは，第1章で紹介した国際安全規格 IEC 61508 の SIL1（詳しくは第3章，第4章参照）に該当する．結果のみを表 2.3 に示すが，ハードの故障率は変わらなくとも，テスト間隔により FFD，SIL が変わることが理解される．

ところで，もしこれと同じものがさらに1個追加されており，そのどちらか一方のみが正常に作動すればプラントの停止が可能なような構成としたら，PFD はどのような値となるだろうか．この構成を 1oo2（1-out-of-2）アーキテクチャ〔2.5.2（3）項参照〕といい，どちらか一方が故障していても，他方が機能していれば，安全機能を果たせる（両方が同時に故障していなければよい）．図

表 2.3 診断テスト間隔と PFD

診断テスト間隔 T_p, 年	PFD	SIL
0.5	0.0093	2
1.0	0.028	1
2.0	0.051	1

$\lambda = 5 \times 10^{-6}$（1/h）= 0.044（1/年）

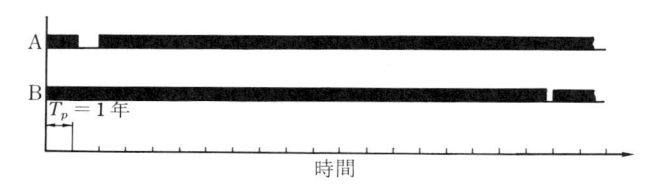

図 2.8 PFD の例（シミュレーション結果，1oo2 の場合）

2.4 信頼性の評価指標—時間軸を中心に—

2.7と同様に図示すると図2.8となる．この位の時間の長さのシミュレーションでは，PFDが0になってしまっているので定量的な議論はできないが，安全度が格段に向上することが理解されよう．ただし，この構成では，どちらか一方の装置が誤停止信号を発すると不要なトリップが行なわれてしまうので，このことによる損失を考慮しなければならない．この損失には，経済的な損失もあるが，再起動という非定常な運転を行なうことにより新たに発生する危険の増大も含まれている．

なお，一般に安全装置の作動について議論するときには，その故障による機能の喪失のみを問題としており，検知能については触れられていないが，高感度化・迅速化と低誤報率化は二律背反であり，両者間のトレード・オフの問題は一つの大きな領域である[5]．

2.4.4 作動の例

ここでは，図2.9に示すレシプロ型コンプレッサ[†]のトリップ（停止）を例に考えてみる．レシプロ型コンプレッサによりバッファタンクにガスを充填する例である．本図の点線で囲ったトリップ系においては，通常時には接点Aが閉じており，コイルBに電圧が印加され，接点Cを閉じている．このこ

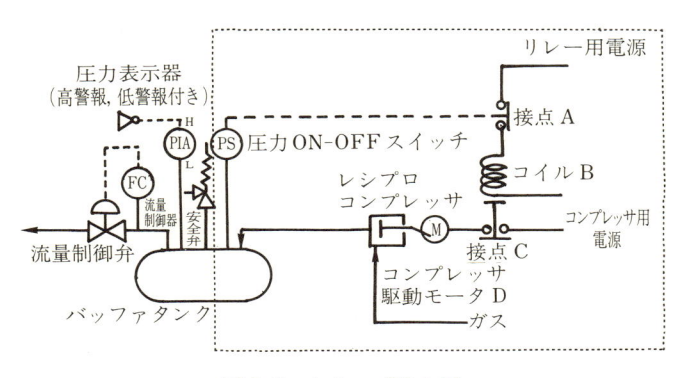

図2.9 トリップ系の例

[†] レシプロ型は，運転継続により圧力が上昇し続けるという特徴がある．図2.9に基づく上記の説明は化学プラントをイメージしているが，簡単にはベビーコンプレッサ停止装置を考えればよい．

とにより，コンプレッサ駆動モータ D が運転され，タンクにガスが送出されている．タンク内圧力が 100 MPa を上回ったと判断したとき，接点 A を開き，B の励磁が解除され，C が開き，モータ D の運転が停止する．

センサが故障して"高圧力"と誤認識され，トリップがかかる場合がある．これを，不要トリップ（spurious trip）という．このような場合，故障は顕在化する．プラントの稼働率は低下するが，直接的な危険はないので「安全側故障」という．

反対に，圧力を低く誤認識するようなセンサ故障や接点 A の溶着が発生し

表 2.4 故障の分類

プラントのシャットダウン方式		"高"信号を発生する故障	"低"信号を発生する故障	通常値信号を発生する故障	
		安全関連系の故障			
センサの"高"信号による場合	結果	不要なシャットダウンの発生	作動要求があってもシャットダウンが遂行されない	結果	作動要求があってもシャットダウンが遂行されない
	故障の分類	安全，顕在故障	危険，潜在故障		
	関係事項，項目	アンアベイラビリティー	安全性，潜在的なプラントのアンアベイラビリティー		
センサの"低"信号による場合	結果	作動要求があってもシャットダウンが遂行されない	不要なシャットダウンの発生	故障の分類	危険，潜在故障
	故障の分類	危険，潜在故障	安全，顕在故障	関係事項	安全性，潜在的なプラントのアンアベイラビリティー
	関係事項	安全性，潜在的なプラントのアンアベイラビリティー	アンアベイラビリティー		

引用：参考文献 15) の pp. 16-17.

た場合には，タンク内圧が上昇しても，トリップがなされないので危険であり，この種の故障が危険側非検知（潜在）故障という．定期的な診断テストにより，危険側非検知（潜在）故障が発生していないことを確かめる必要がある．

以上のことを表2.4にまとめる．

2.4.5 作動信頼性の計算―単一構成の場合―

信頼度関数を $R(t)$，故障の確率密度関数を $f(t)$ とし，診断テスト間隔が T_p，テストと次のテストの間を区間ということにする．診断テストが終了した時点では新品と同等となるという仮定，および各コンポーネントの故障発生は指数分布に従うことを仮定しているから，各区間では信頼度関数 $R(t)$ は1から推移すると考えてよい．PFDの定義は，

$$\frac{\text{診断テスト間隔での平均休止時間}}{\text{診断テスト間隔}(T_p)} \tag{2.22}$$

である（図2.6）．さて，$0 \sim T_p$ のある時刻 t で故障が発生したとすると，その時点から次のテストまでの間故障は検知されず，また安全機能を果たせないから，その故障によるPFDは，

$$\begin{aligned}
\text{PFD} &= \int_0^{T_p} (T_p - t) f(t) \, dt / T_p \\
&= \frac{1}{T_p} \int_0^{T_p} (T_p - t) \frac{dF(t)}{dt} dt \\
&= \frac{1}{T_p} \left\{ \left[(T_p - t) F(t) \right]_0^{T_p} + \int_0^{T_p} F(t) \, dt \right\} \\
&= \frac{1}{T_p} \int_0^{T_p} F(t) \, dt \tag{2.23} \\
&= \frac{1}{T_p} \int_0^{T_p} (1 - R(t)) \, dt \tag{2.24}
\end{aligned}$$

となる．すなわち，信頼度ブロック線図やマルコフモデルを用いて不信頼度関数が求められれば，それの区間での平均値（すなわち，$0 \sim T_p$ まで積分し，T_p で除して得られる値）がPFDである．

信頼度関数 $R(t)=e^{-\lambda t}$ の場合,

$$\mathrm{PFD}=\frac{1}{T_p}\int_0^{T_p}(1-e^{-\lambda t})\,\mathrm{d}t$$

一般に $\lambda T_p \leqq 0.1$ となるので,指数関数部分を展開して $F(t)\fallingdotseq \lambda t$ と近似できる[†].よって,

$$\mathrm{PFD}=\frac{1}{T_p}\int_0^{T_p}\lambda t\,\mathrm{d}t=\frac{\lambda T_p}{2}$$

なお,実際のシステムでは,今述べた ① ランダムに発生し検知されない機器故障による統計的な故障時間のほかに,② 診断テストを実施している時間,③ オペレータのミス(いわゆるヒューマンエラー)により,危険側故障の状態が放置されたまま使用に供されることにより安全装置が作動要求に応答できない時間による PFD および ④ 共通原因故障による PFD の増加などが加わってくる.

2.5 系のアーキテクチャとその作動信頼性

2.5.1 冗長系の種類

冗長性とは,規定の機能を遂行するための構成要素または手段を余分に付加し,その一部が故障しても上位機能を維持できる性質をいう.冗長性が得られるようにするためには,以下のような構成法がある.

常用冗長(active redundancy):すべての構成要素が規定の機能を同時に果たすように構成してある冗長.

待機冗長(stand-by redundancy):ある構成要素が規定の機能を遂行している間,切り換えられるまで予備として待機している構成要素を持つ冗長

・熱予備(hot stand-by):待機構成要素常に動作状態におき,いつでも

[†] 不信頼度関数の差が問題になるときは,二次項まで採り,

$$F(t)\fallingdotseq \lambda t-\frac{(\lambda t)^2}{2}$$

とする.

切り換えられるようになっているもの．
- 温予備（warm stand-by）：待機構成要素が，あらかじめ動作に必要なエネルギーの一部の供給を受けており，切換えのとき，全エネルギーの供給を受け，動作状態となるもの．
- 冷予備（cool stand-by）：待機構成要素が切換えのときまで動作の停作の停止もしくは休止状態にあるもの．

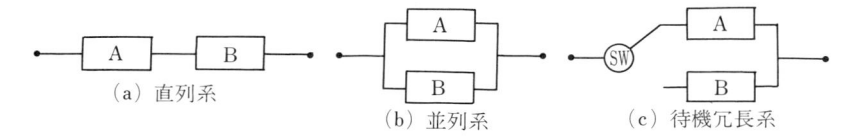

2.5.2 信頼性ブロック線図

信頼性ブロック線図（reliability block diagram）は，システムを機能ブロックの組合せで表わしたものである．システムの信頼度とその構成要素との間の機能的関連を示す線図でシステムがうまく操業される，またはタスクを果たすために行なう事象，満たさなければならない条件をブロック，線，交点により図式的にモデル化して表現したものである．図の一方の端から他端までブロック，線，交点を通って達すれば，それが成功パスとなり，これが少なくとも一つ以上あればオペレーションは正しく行なわれることになる．

システムの構成としては，次の3通りの構成に代表される．

① 直列系：冗長のない複数個の構成要素からなるアイテム．信頼性ブロック図は図2.10(a)となる．
② 並列（冗長）系：すべての構成要素が機能的に並列に結合している系．信頼性ブロック図は図2.10(b)となる．
③ 待機冗長系：冗長系は必要なとき，スイッチにより切り換えられる系（図2.10(c)）．

なお，ここで"直列"，"並列"は，構成上の接続のことではない．例えば，図2.11のバルブAとバルブBは見かけ上直列になっているが，緊急時に原料の流入を止めるという機能上では並列である．

図2.10 信頼性ブロック線図

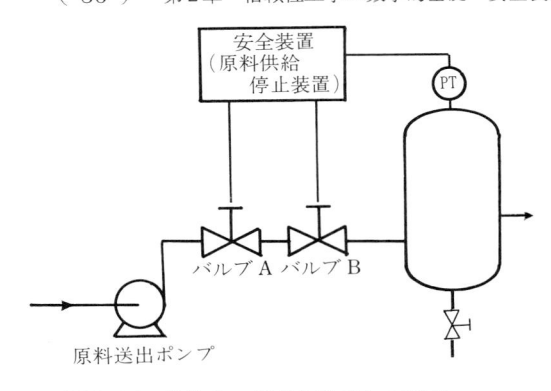

図2.11 機構上の構成と機能上の構成

一般に，信頼性ブロック線図を用いるときには，次の仮定と書き方に基づいている[6)~8)]．

① 故障の発生は，故障率は一定，すなわち指数分布に従い，また故障は瞬時に発生する．したがって，徐々に劣化するという状態を表現することはできない．
② 各ブロックは，できるだけ多くのコンポーネントからなる機能を表わすようにして，図の簡易化を図る．
③ ブロック内には冗長系を含めない（そうでないと，故障率の計算が意味ないものになってしまう）．
④ ブロックは相互に影響しないと仮定する．すなわち，あるブロックに発生した故障は他のブロックの故障発生確率に影響を与えない．

ここでは，直列系，並列冗長系，待機冗長系の信頼度関数，故障分布関数（確率密度関数），故障率関数，PFDを求める．先の仮定から，各ブロックの故障は，故障率一定，すなわち指数分布で記述されるとする．

(1) 直 列 系

図2.10(a)のような構成で，どのブロックで故障が生じた場合でも，システムが故障となる場合である．所定の作動要求時間 t の間システムが要求される機能を果たすには，すべてのブロックが機能を果たしていることが必要である．したがって，システムの信頼度 $R_s(t)$ は，

$$R_s(t) = R_1(t) R_2(t) \cdots R_n(t) = \prod_{i=1}^{n} R_i(t) \tag{2.25}$$

となる．各ブロックの故障率を λ_i，すなわち各ブロックの信頼度関数 $R_i(t) = e^{-\lambda_i t}$ とすると，

$$R_s(t) = e^{-\lambda_1 t} e^{-\lambda_2 t} \cdots e^{-\lambda_n t} = e^{-(\Sigma \lambda_i) t} \tag{2.26}$$

である．一方，システムの故障率と PFD は，式 (2.6)，(2.11) より，

$$\lambda_s(t) = \frac{(\lambda_1 + \lambda_2 + \cdots + \lambda_n) e^{-(\lambda_1 + \lambda_2 \cdots + \lambda_n) t}}{e^{-(\lambda_1 + \lambda_2 \cdots + \lambda_n) t}}$$

$$= \lambda_1 + \lambda_2 + \cdots + \lambda_n = \sum_{i=1}^{n} \lambda_n = \lambda_s \tag{2.27}$$

$$\mathrm{PFD} = \frac{1}{T_p} \int_0^{T_p} F(t) \, \mathrm{d}t$$

$$= \frac{1}{T_p} \int_0^{T_p} \lambda_s \, t \, \mathrm{d}t = \frac{\lambda_s T_p}{2}$$

$$= \frac{\lambda_1 T_p}{2} + \frac{\lambda_2 T_p}{2} + \cdots + \frac{\lambda_n T_p}{2}$$

すなわち，直列系では各要素の PFD の和がシステムの PFD になる．

(2) 並 列 系

1 個のブロックが正常であればシステムとしての機能を果たす場合〔図 2.10 (b)〕である．すなわち，システムが正常とは，すべてのブロックが故障という事象の余事象であるから，

$$R_S(t) = 1 - (すべてのブロックが故障)$$

$$= 1 - \{1 - R_1(t)\}\{1 - R_2(t)\} \cdots \{1 - R_n(t)\}$$

$$= 1 - \prod_{i=1}^{n} \{1 - R_i(t)\} \tag{2.28}$$

簡単化のため，$n = 2$ の場合を考える．

$$R_S(t) = 1 - \{1 - R_1(t)\}\{1 - R_2(t)\}$$

$$= 1 - (1 - e^{-\lambda_1 t})(1 - e^{-\lambda_2 t}) = e^{-\lambda_1 t} + e^{-\lambda_2 t} - e^{-(\lambda_1 + \lambda_2) t} \tag{2.29}$$

である．一方，システムの故障率は直列系のときと同様に式 (2.6)，(2.11) より，

$$\lambda_s(t) = \frac{\lambda_1 e^{-\lambda_1 t} + \lambda_2 e^{-\lambda_2 t} - (\lambda_1+\lambda_2)e^{-(\lambda_1+\lambda_2)t}}{e^{-\lambda_1 t} + e^{-\lambda_2 t} - e^{-(\lambda_1+\lambda_2)t}} \qquad (2.30)$$

並列系では,故障率 λ_s が時間に関して一定ではない.

また,$F_s(t) = 1-(e^{-\lambda_1 t} + e^{-\lambda_2 t} - e^{-(\lambda_1+\lambda_2)t}) \fallingdotseq \lambda_1 \lambda_2 t^2$ となるので,

$$\text{PFD} = \frac{1}{T_p}\int_0^{T_p} \lambda_1 \lambda_2 t^2 \, dt = \frac{\lambda_1 \lambda_2 T_p^2}{3}$$

となる.故障率が時間に対して一定でないので,PFDも診断テスト間隔によりかわる.

(3) m/n 冗長系 (m-out-of-n system)†

n 個の並列なブロックのうち,m 個が正常に作動していればシステムは正常に機能する系について考える(図 2.12).ただし,$n \geq m$ である.この条件を満たすのは,

  m 個正常 ($_nC_m$ 通り), $(m+1)$ 個正常 ($_nC_{m+1}$ 通り), ……,

  n 個正常 ($_nC_n$ 1 通り)

であり,このことは互いに排反事象であるから,

$$R_s(t) = {}_nC_m\{R(t)\}^m\{1-R(t)\}^{n-m} + {}_nC_{m+1}\{R(t)\}^{m+1}\{1-R(t)\}^{n-(m+1)}$$
$$+ \cdots\cdots + {}_nC_n\{R(t)\}^n$$

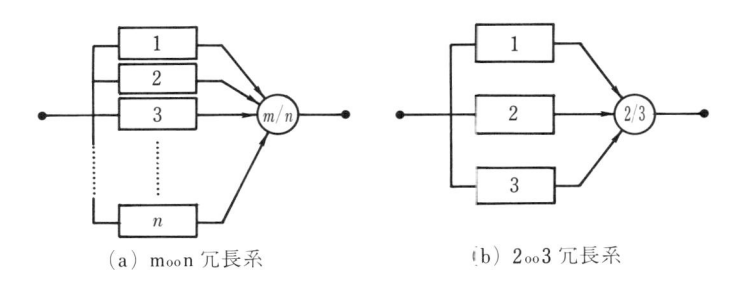

(a) moon 冗長系　　　　　(b) 2oo3 冗長系

図 2.12　moon 冗長系

---

† m-out-of-n を moon アーキテクチャと呼ぶ.

$$= \sum_{r=m}^{n} {}_nC_r \{R(t)\}^r \{1-R(t)\}^{n-r} = 1 - \sum_{r=0}^{m-1} {}_nC_r \{R(t)\}^r \{1-R(t)\}^{n-r}$$

となる．最後の展開は，求める事象が｛1個正常，…，$m-1$ 個正常｝の排反事象であることを用いている．2oo3 冗長系について PFD を求めてみる．

この場合には，系が機能するのは，2個が正常な場合（${}_3C_2=3$ 通り）と3個すべて正常な場合（1通り）があるから（後掲の表2.7参照），

$$R_S(t) = 3R(t)^2\{1-R(t)\} + R(t)^3 = 3R(t)^2 - 2R(t)^3 = 1 - 3\lambda^2 t^2$$

$$\mathrm{PFD} = \frac{1}{T_p}\int_0^{T_p} 3\lambda^2 t^2 \, dt = (\lambda T_p)^2$$

各種 m/n 冗長系の PFD を表2.5に示す．また，共通原因故障の計算に必要になるので，故障率も求めていく．この冗長系の故障は，n 個中（$n-m+1$）個故障したときに発生する．一つの要素が長さ T_p の区間内で故障する確率は λT_p，（$n-m+1$）個が故障する確率は $(\lambda T_p)^{n-m+1}$ である．また，n 個

表2.5　冗長系の PFD

必要なユニット数	冗長ユニット数			
	1	2	3	4
1	$\dfrac{\lambda T_p}{2}$ (1oo1)	$\dfrac{(\lambda T_p)^2}{3}$ (1oo2)	$\dfrac{(\lambda T_p)^3}{4}$ (1oo3)	$\dfrac{(\lambda T_p)^4}{5}$ (1oo4)
2	—	λT_p (2oo2)	$(\lambda T_p)^2$ (2oo3)	$(\lambda T_p)^3$ (2oo4)
3	—	—	$\dfrac{3\lambda T_p}{2}$ (3oo3)	$2(\lambda T_p)^2$ (3oo4)
4	—	—	—	$2\lambda T_p$ (4oo4)

（注）λ：各ユニットの故障率．すべてのユニットの故障率は同一とする．
　　T_p：診断テストの間隔．
　　各チャンネルは同時に診断テストを行ない，またテストに要する時間は T_p に比べて短く，無視できるとする．

表2.6 冗長系の平均故障率

必要なユニット数	冗長ユニット数			
	1	2	3	4
1	λ (1oo1)	$\lambda^2 T_p$ (1oo2)	$\lambda^3 T_p^2$ (1oo3)	$\lambda^4 T_p^3$ (1oo4)
2	—	2λ (2oo2)	$3\lambda^2 T_p$ (2oo3)	$4\lambda^3 T_p^2$ (2oo4)
3	—	—	3λ (3oo3)	$6\lambda^2 T_p$ (3oo4)
4	—	—	—	4λ (4oo4)

(注) 計算の仮定は表2.5と同じである．

の中から $(n-m+1)$ 個選ぶのは ${}_nC_{n-m+1}$ 通りであるから，故障の確率は

$${}_nC_{n-m+1}(\lambda T_p)^{n-m+1}$$

となる．したがって，区間の長さ T_p 間での平均故障率は

$${}_nC_{n-m+1}(\lambda T_p)^{n-m+1}/T_p = {}_nC_{n-m+1}\lambda^{n-m-1}T_p^{n-m}$$

である．これらを表2.6にまとめる．

(4) 予備がある場合―待機冗長系―

ブロック1と同機能を有するブロック2が待機系として用意されており，ブロック1の故障が検知されたとき，スイッチによりブロック2に切り換えられるとする（図2.10(c)）．この場合のシステムの作動信頼性を考察してみる[9]．

さて，この系の動作時間を t とするときの信頼性を求める．このとき，(a) ブロック1に故障は生じず，したがって最後までブロック1が作動すると，(b) 作動開始後 $t_0(<t)$ においてブロック1の故障が検知され，ブロック2に切り換えられる，の2種類の状態がある．

(a) の場合，

$$R_a(t) = R_1(t) \tag{2.31}$$

であるし，(b) の場合，

$$R_b(t)=\int_0^t f_1(t_0)R_{SS}(t_0)R_2'(t_0)R_2(t-t_0)\,dt_0 \tag{2.32}$$

ここで, $f_1(t_0)$:ブロック1の故障の生起の確率密度関数, $R_{SS}(t_0)$: $t=t_0$ におけるスイッチの信頼度関数, $R_2'(t_0)$:待機中のブロック2の信頼度関数, $R_2(t-t_0)$:稼働中のブロック2の信頼度関数である.

結局,

$$\begin{aligned}R_S(t)&=R_a(t)+R_b(t)\\&=R_1(t)+\int_0^t f_1(t_1)R_{SS}(t_1)R_2'(t_1)R_2(t-t_1)\,dt_1\end{aligned} \tag{2.33}$$

$R_1=e^{-\lambda_1 t}$, $R_{SS}(t)=e^{-\lambda_{SS}t}$, $R_2'(t)=e^{-\lambda_2' t}$, $R_2(t)=e^{-\lambda_2 t}$ とすると,

$$R_S(t)=e^{-\lambda_1 t}+\frac{\lambda_1 e^{-\lambda_2 t}}{\lambda_1+\lambda_{SS}+\lambda_2'-\lambda_2}\{1-e^{-(\lambda_1+\lambda_{SS}+\lambda_2'-\lambda_2)t}\} \tag{2.34}$$

となる.

$\lambda_{SS}=0$(スイッチは故障しない), $\lambda_2'=0$(待機中は故障しない), $\lambda_1=\lambda_2=\lambda$(運転中の故障率はブロック1,2で同じ)とすると,

$$R_S(t)=(1+\lambda t)e^{-\lambda t} \tag{2.35}$$

となる.

表2.7に, IEC 61078[10] に示されている各種構成の系の信頼度関数をまとめて示す.

(5) 複雑な構成での作動信頼性の計算法

複雑な信頼性ブロック線図の信頼度関数を求めるには,次の方法がある.

① 条件付き確率を使用する方法

② 真理表を使用する方法

ここでは,図2.13を例に取り上げ,①,②の適用法を示す.

① 条件付き確率を使用する方法

排反な2状態,

- A は運転可能状態にある
- A は故障状態にある

第2章 信頼性工学の数学的基礎―安全装置を中心として―

表2.7 システムの構成と信頼度関数

項	構成	系の信頼度関数 R_S
1. 直列	R_1—R_2—…—R_n	$R_S = R_1 R_2 \cdots R_n$
2. 並列	$R_1, R_2, \ldots, R_x$ （並列）	$R_S = 1-(1-R_1)(1-R_2)\cdots(1-R_x)$
	（待機系）$R=e^{-\lambda t}$, $R, \ldots, R$ （x個）	$R_S = e^{-\lambda t} + 2te^{-2t} + \cdots + \dfrac{(\lambda t)^{x-1} e^{-\lambda t}}{(x-1)!}$ （すべての要素の信頼度関数が $R=e^{-\lambda t}$ の場合）
3. 直並列またはシステムの冗長	R_{a1}—R_{a2}—…—R_{an} R_{b1}—R_{b2}—…—R_{bn} ⋮ R_{x1}—R_{x2}—…—R_{xn} （x個）	$R_S = 1-(1-R_{a1}R_{a2}\cdots R_{an})(1-R_{b1}R_{b2}\cdots R_{bn})$ $\times \cdots \times (1-R_{x1}R_{x2}\cdots R_{xn})$
	（待機系）n個 $R=e^{-\lambda t}$—R—…—R R—R—…—R （x個）	$R_S = e^{-n\lambda t} + n\lambda t\, e^{-n\lambda t}$ $+ \cdots + \dfrac{(n\lambda t)^{x-1}}{(x-1)!} e^{-n\lambda t}$ （すべての要素の信頼度関数が $R=e^{-\lambda t}$ の場合）
4. 直並列または要素ごとの冗長	$R_{a1}, R_{b1}, \ldots, R_{n1}$ $R_{a2}, R_{b2}, \ldots, R_{n2}$ ⋮ $R_{ax}, R_{bx}, \ldots, R_{nx}$	$R_S = \{1-(1-R_{a1})(1-R_{a2})\cdots(1-R_{ax})\}$ $\times \{1-(1-R_{b1})(1-R_{b2})\cdots(1-R_{bx})\}$ $\times \cdots \times \{1-(1-R_{n1})(1-R_{n2})\cdots(1-R_{nx})\}$
	（待機系）n個 $R=e^{-\lambda t}$—R—R R—R—R	$R_S = \left(e^{-(\lambda/n)t} + \dfrac{\lambda t}{n} e^{-(\lambda/n)t}\right)^n$ （すべての要素の信頼度関数が $R=e^{-\lambda t}$ の場合）
5. 要素ごとの冗長でスイッチのある場合	$R_{a1} \ldots R_{an}$ R_{b1} SW … R_{bn} SW ⋮ R_{x1} SW … R_{xn} SW （x個） SW：スイッチ	$R_S = \{1-(1-R)(1-R R_{SW})^{x-1}\}^n$ （スイッチを除き $R_{a1}=\cdots=R_{an}$ $=R_{b1}=\cdots=R_{bn}=R_{x1}$ $=\cdots=R_{xn}=R$ の場合）

（IEC 61078 付録 B より作成．詳細は原規格参照）

2.5 系のアーキテクチャとその作動信頼性

に分けられるから，システムの信頼度関数 $R_S(t)$ は，

$R_S(t) = Pr$ (A は運転可能状態にあるという条件下で系が機能する)
$\times Pr$ (A は運転可能状態にある)
$+ Pr$ (A は故障状態にあるという条件下で系が機能する)
$\times Pr$ (A は故障状態にある)

(2.36)

となる．ここで，Pr は確率を示す．図 2.14 を参照すると，

$R_S(t) = (R_{C1} + R_{C2} - R_{C1} R_{C2}) \times R_A$
$+ (R_{B1} R_{C1} + R_{B2} R_{C2} - R_{B1} R_{C1} R_{B2} R_{C2}) \times (1 - R_A)$

(2.37)

A：左エンジン，右エンジン両方に燃料を供給するポンプ
B_1：左エンジンに燃料を供給するポンプ
B_2：右エンジンに燃料を供給するポンプ
C_1：左エンジン，　C_2：右エンジン

図 2.13　双発機の燃料供給・エンジン系の信頼性ブロック線図（IEC 61078 による）

となる．

② 真理表を使用する方法

各要素について，運転可能状態を 1，故障状態を 0 で表現し，表 2.8 の真理表を作る．例えば (4) の場合，A→C_2 の成功のパスがあるから，系としての機能を果たせるので，系の項は 1 となる．成功パスが存在する条件の確率の和を求めると式 (2.37) と同一の結果となる．

この方法は，要素の数に従い，真理表の行数も 2 のべき乗で増大するという欠点があるが，網羅的であるのでわかりやすい方法であるし，特別な数学的な用意も必要としない．

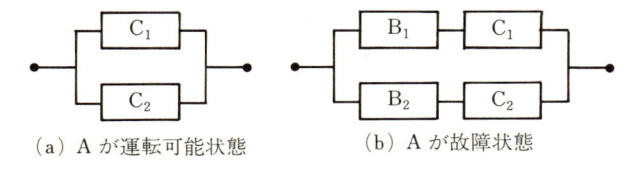

(a) A が運転可能状態　　　(b) A が故障状態

図 2.14　図 2.13 のブロック線図の分解

表2.8　図2.13の真理表

	要素				系	確率
	B_1	B_2	C_1	C_2	A	
(1)	0	0	0	0	0	0	
(2)	0	0	0	0	1	0	
(3)	0	0	0	1	0	0	
(4)	0	0	0	1	1	1	$(1-R_{B1})(1-R_{B2})(1-R_{C1})R_{C2}R_A$
(5)	0	0	1	0	0	0	
⋮	⋮	⋮	⋮	⋮	⋮	⋮	
(29)	1	1	1	0	0	1	$R_{B1}R_{B2}R_{C1}(1-R_{C2})(1-R_A)$
(30)	1	1	1	0	1	1	$R_{B1}R_{B2}R_{C1}(1-R_{C2})R_A$
(31)	1	1	1	1	0	1	$R_{B1}R_{B2}R_{C1}R_{C2}(1-R_A)$
(32)	1	1	1	1	1	1	$R_{B1}R_{B2}R_{C1}R_{C2}R_A$
	計					R_S

(注) 1：運転可能, 0：故障, $R_S = (1-R_{B1})(1-R_{B2})(1-R_{C1})R_{C2}R_A + \cdots + R_{B1}R_{B2}R_{C1}R_{C2}R_A$

2.5.3 マルコフモデル

マルコフモデル（Markov model）は，システムのアベイラビリティーを求める一つの手法である[11), 12)]．これは，システムが幾つかの別々の状態を採り，その状態は確率的に推移すると考える解析法である．これは，次のような場合に有効である．

① 故障のシーケンスが重要である場合

② 修理が実施される場合

③ 共通原因故障，待機冗長系の解析

この手法を用いる場合，次の条件が前提となっている．

① 系の将来の状態は，直前の状態以外（の過去の状態）に無関係に決まる．

② 故障率と修復率は一定であり，したがって，ある状態から他の状態へ遷移する確率は一定である．

すなわち，ここでも故障の発生間隔と修理時間は指数分布に従うと考える．

(1) マルコフモデルの数学的基礎

まず,最も簡単な2個の状態のマルコフモデルを考えてみよう.図2.15で,

　　　状態0:システムは稼働

　　　状態1:システムは稼働停止

であり,λ は故障率,μ は修復率である.時間区間 Δt に稼働中である状態0のアイテムが故障して状態1へ遷移する確率は,Δt を微小とすると $\lambda \Delta t$ であり,故障しないで状態0のままである確率は $1-\lambda \Delta t$ となる.同様に,故障して状態1であるアイテムが時間区間 Δt に,修理が完了して状態0へ遷移する確率は $\mu \Delta t$ であり,完了しないで状態1のままである確率は $1-\mu \Delta t$ である.したがって,時刻 t に状態0,1である確率を $P_0(t)$,$P_1(t)$ とすると,その増減から,

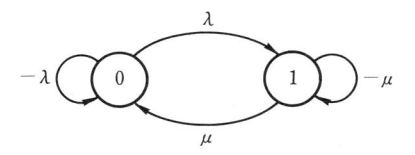

図2.15　マルコフモデルの状態遷移図式（状態が二つの場合）

$$\left. \begin{array}{l} P_0(t+\Delta t)=(1-\lambda \Delta t)P_0(t)+\mu \Delta t P_1(t) \\ P_1(t+\Delta t)=\lambda \Delta t P_0(t)+(1-\mu \Delta t)P_1(t) \end{array} \right\} \quad (2.38)$$

これから,

$$P_0(t+\Delta t)-P_0(t)=-\lambda \Delta t P_0(t)+\mu \Delta t P_1(t)$$

$$\frac{P_0(t+\Delta t)-P_0(t)}{\Delta t}=-\lambda P_0(t)+\mu P_1(t)$$

したがって,

$$\frac{dP_0(t)}{dt}=-\lambda P_0(t)+\mu P_1(t) \quad (2.39)$$

同様に,

$$\frac{dP_1(t)}{dt}=\lambda P_0(t)-\mu P_1(t) \quad (2.40)$$

この式と状態遷移図式の対応は直感的に理解できる.なお,ある状態からその状態に戻るループ,すなわち状態が変化しない場合があり,この確率は,その状態から他の状態に遷移する確率の合計の符号を代えたものとなる.さ

て，式 (2.39), (2.40) を初期値 $P_0(0)=1$, $P_1(0)=0$, すなわち最初は稼働状態にあるとして解くと，

$$P_0(t)=\frac{\mu}{\lambda+\mu}+\frac{\lambda}{\lambda+\mu}e^{-(\lambda+\mu)t} \tag{2.41}$$

$$P_1(t)=\frac{\lambda}{\lambda+\mu}-\frac{\lambda}{\lambda+\mu}e^{-(\lambda+\mu)t} \tag{2.42}$$

となる．当然であるが，t にかかかわらず $P_0(t)-P_1(t)=1$ である．また，$t \to \infty$ とすると，

$$P_0(t)=\frac{\mu}{\lambda+\mu}, \qquad P_1(t)=\frac{\lambda}{\lambda+\mu} \tag{2.43}$$

であり，時刻 t でのアベイラビリティー（瞬間アベイラビリティー）$A(t)$ は，

$$A(t)=P_0(t)=\frac{\mu}{\lambda+\mu}+\frac{\lambda}{\lambda+\mu}e^{-(\lambda+\mu)t} \tag{2.44}$$

となる．

（2）並列，m／n冗長系

以上のことを応用して，図 2.16 に示す並列冗長系（1oo2 アーキテクチャ）の 3 状態の間の状態の遷移[13]を考えてみる．この場合，状態は次の 3 通りである．

　状態 0：両ユニットともに稼働
　状態 1：片ユニットは稼働，もう一方のユニットは故障
　状態 2：両ユニットともに故障で，この状態では修理は行なわれない

初期においては両ユニットともに健全であるから，$P_0(0)=1$, $P_1(0)=0$, $P_2(0)=0$ とする．これを状態遷移図式に示すと図 2.16 が完成する．ここで，状態 0 のときは 2 ユニットどちらも故障しうるので，状態 0→1 の確率は $2\times \mathit{\Delta} t$ となっている．

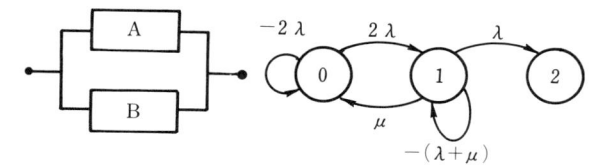

2.5 系のアーキテクチャとその作動信頼性 （ 47 ）

(a) 信頼性ブロック線図　　(b) 状態遷移図式

図2.16　1oo2冗長系の信頼性ブロック線図とマルコフモデルの状態遷移図式（両要素が故障したときは修復が行なわれない場合）

$$\frac{dP_0(t)}{dt} = -2\lambda P_0(t) + \mu P_1(t) \tag{2.45}$$

$$\frac{dP_1(t)}{dt} = 2\lambda P_0(t) - (\lambda+\mu) P_1(t) \tag{2.46}$$

$$\frac{dP_2(t)}{dt} = \lambda P_1(t) \tag{2.47}$$

まとめると，

$$\begin{bmatrix} \dot{P}_0(t) \\ \dot{P}_1(t) \\ \dot{P}_2(t) \end{bmatrix} = \begin{bmatrix} -2\lambda & \mu & 0 \\ 2\lambda & -(\lambda+\mu) & 0 \\ 0 & \lambda & 0 \end{bmatrix} \begin{bmatrix} P_0(t) \\ P_1(t) \\ P_2(t) \end{bmatrix} \tag{2.48}$$

この系のMTTF（MTBF）を求めてみる．MTTF（MTBF）は

$$\text{MTTF（MTBF）} = \int_0^\infty R(t)\,dt \tag{2.49}$$

であり，この系では，状態0と1のとき機能するから，

$$R(t) = P_0(t) + P_1(t) \tag{2.50}$$

そこで，$\int_0^\infty P_0(t)\,dt = T_0$，$\int_0^\infty P_1(t)\,dt = T_1$，$\int_0^\infty P_2(t)\,dt = T_2$ とすると，

$$\text{MTTF（MTBF）} = T_0 + T_1 \tag{2.51}$$

式(2.48)の両辺を $t=0\sim\infty$ で積分すると，

$$\begin{bmatrix} P_0(\infty)-P_0(0) \\ P_1(\infty)-P_1(0) \\ P_2(\infty)-P_2(0) \end{bmatrix} = \begin{bmatrix} -2\lambda & \mu & 0 \\ 2\lambda & -(\lambda+\mu) & 0 \\ 0 & \lambda & 0 \end{bmatrix} \begin{bmatrix} T_0 \\ T_1 \\ T_2 \end{bmatrix} \quad (2.52)$$

初期値は，$P_0(0)=1$, $P_1(0)=0$, $P_2(0)=0$ となる．また，この例題では状態2になるとそのままであるから，$t\to\infty$ では必ず状態2になるから，$P_0(\infty)=0$, $P_1(\infty)=0$, $P_2(\infty)=1$ である．これから，

$$\begin{bmatrix} -1 \\ 0 \\ 1 \end{bmatrix} = \begin{bmatrix} -2\lambda & \mu & 0 \\ 2\lambda & -(\lambda+\mu) & 0 \\ 0 & \lambda & 0 \end{bmatrix} \begin{bmatrix} T_0 \\ T_1 \\ T_2 \end{bmatrix} \quad (2.53)$$

となり，次の結果を得る．

$$T_0 = \frac{\lambda+\mu}{2\lambda^2}, \quad T_1 = \frac{1}{\lambda} \quad (2.54)$$

$$\mathrm{MTTF}(\mathrm{MTBF}) = \frac{3\lambda+\mu}{2\lambda^2} \quad (2.51)$$

ところで，状態2のときでも修復が行なわれるとした場合のアンアベイラビリティー $\overline{A}$ を求めてみる．先の方法と同様にして，図 2.17 と式 (2.55) を得る．

$$\begin{bmatrix} \dot{P}_0(t) \\ \dot{P}_1(t) \\ \dot{P}_2(t) \end{bmatrix} = \begin{bmatrix} -2\lambda & \mu & 0 \\ 2\lambda & -(\lambda+\mu) & \mu \\ 0 & \lambda & -\mu \end{bmatrix} \begin{bmatrix} P_0(t) \\ P_1(t) \\ P_2(t) \end{bmatrix} \quad (2.55)$$

定常状態では，左辺，すなわち $\dot{P}_0(t)=\dot{P}_1(t)=\dot{P}_2(t)=0$ であるから，

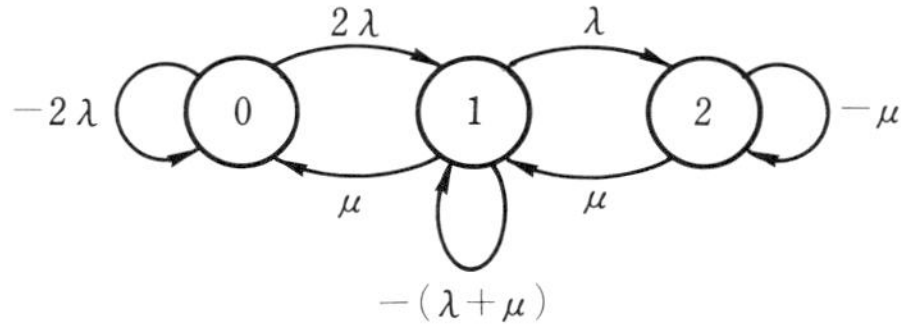

$$\left.\begin{array}{r} -2\lambda P_0 + \mu P_1 = 0 \\ 2\lambda P_0 - (\lambda+\mu)P_1 + \mu P_2 = 0 \\ \lambda P_1 - \mu P_2 = 0 \end{array}\right\} \quad (2.56)$$

図 2.17　1oo2 冗長系で両要素が故障したときに修復が行なわれる場合

さらに，$P_0+P_1+P_2=1$ であることを利用すると，

$$P_0 = \frac{\mu^2}{2\lambda^2 + \mu^2 + 2\lambda\mu}, \quad P_1 = \frac{2\lambda\mu}{2\lambda^2 + \mu^2 + 2\lambda\mu}, \quad P_2 = \frac{2\lambda^2}{2\lambda^2 + \mu^2 + 2\lambda\mu}$$
(2.57)

となる．アンアベイラビリティー $\overline{A}$ は，

$$\overline{A} = P_2 = \frac{2\lambda^2}{2\lambda^2 + \mu^2 + 2\lambda\mu} \tag{2.58}$$

である．

さて，この1oo2アーキテクチャのPFDを求めてみよう．先に信頼性ブロック線図を用いた解析では，PFD $= (1/3)\lambda^2 T_p^2$ であった．PFDの計算で考慮するのは危険側故障で，しかもそれが時間の診断テストまで検知されない場合であるから，この間の修復は考えない．したがって，図2.16，式(2.48)で，$\mu = 0$ とする．その結果，式(2.59)が得られる．

$$\begin{bmatrix} \dot{P}_0(t) \\ \dot{P}_1(t) \\ \dot{P}_2(t) \end{bmatrix} = \begin{bmatrix} -2\lambda & 0 & 0 \\ 2\lambda & -\lambda & 0 \\ 0 & \lambda & 0 \end{bmatrix} \begin{bmatrix} P_0(t) \\ P_1(t) \\ P_2(t) \end{bmatrix} \tag{2.59}$$

これより，初期値 $P_0(0) = 1$，$P_1(0) = P_2(t) = 0$（両ユニットとも稼働）として解くと，

$$\left. \begin{aligned} P_0(t) &= e^{-2\lambda t} \\ P_1(t) &= 2e^{-\lambda t} - 2e^{-2\lambda t} \\ R(t) &= P_0(t) + P_1(t) = 2e^{-\lambda t} - e^{-2\lambda t} \\ F(t) &= P_2(t) = 1 - 2e^{-\lambda t} + e^{-2\lambda t} \end{aligned} \right\} \tag{2.60}$$

となる．指数関数を二次の項まで展開すると，

$$F(t) = \lambda^2 t^2$$

となり，

$$\text{PFD} = \frac{1}{T_p} \int_0^{T_p} \lambda^2 t^2 \, dt = \frac{1}{3} \lambda^2 T_p^2$$

当然であるが，信頼性ブロック線図で求めた前節の結果と同じである．

（3）待機冗長系

待機冗長系の解析は，信頼性ブロック線図でも見てきたが，マルコフモデ

ルを用いるとどのようになるか考察する．今，図2.18のシステムを考える[14]．各ユニットの故障率を λ_A, λ_B, 修復率を μ_A, μ_B とする．また，両ユニットが故障した場合の修復率を μ とする．このとき，マルコフモデルの推移線図は図2.19となる．この系は，状態1, 2, 3, 4のとき，その機能を果たしている．式に示すと次のようになる．

$$\begin{bmatrix} \dot{P}_0(t) \\ \dot{P}_1(t) \\ \dot{P}_2(t) \\ \dot{P}_3(t) \\ \dot{P}_4(t) \end{bmatrix} = \begin{bmatrix} -\mu & \lambda_A & 0 & \lambda_B & 0 \\ 0 & -(\lambda_A+\mu_B) & \lambda_B & 0 & 0 \\ 0 & 0 & -\lambda_B & \mu_A & 0 \\ 0 & 0 & 0 & -(\lambda_B+\mu_A) & \lambda_A \\ \mu & \mu_B & 0 & 0 & -\lambda_A \end{bmatrix} \begin{bmatrix} P_0(t) \\ P_1(t) \\ P_2(t) \\ P_3(t) \\ P_4(t) \end{bmatrix}$$

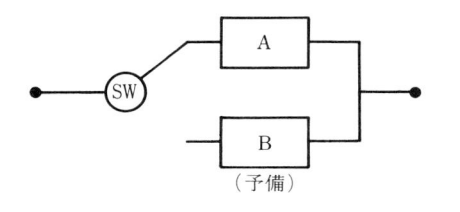

(2.61)

これから，

$$\text{PFD} = \frac{1}{T_p} \int_0^{T_p} P_0(t)\,dt$$

(2.62)

で求められる．

図2.18 冷予備を有しスイッチで切り換える冗長系

状態	ユニットA	ユニットB (予備)
0	故障	故障
1	供用	故障
2	待機	供用
3	故障	供用
4	供用	待機

（注）スイッチの故障，ユニットの待機中の故障はないものとする
μ: A, Bともに故障しているときの修復率

図2.19 図2.18の状態遷移図式

2.6 共通原因故障

　冗長系を組んでも，ある特定の故障が複数のチャンネルの同時故障を引き起こすことがある．例えば，電源が共通である場合は，電源の故障によってすべてのチャンネルが故障するし，また高温などの同一環境にさらされているすべての機器の故障率が高くなることなどがある．

　このような故障を共通原因故障（CCF：Common Cause Failure）という．共通原因故障の発生する確率は，冗長要素の独立性により変わり，要約[15)～17)]すると，次のようになる．

① 分離性（冗長を構成する各要素が同一バス上にあるか，同一筐体中か同一部屋内にあるかなど）
② 類似性（同一回路を用いているなど）
③ 複雑性（設計手法が新規のものか，よく使われているかなど）
④ 解析（安全解析の実施の有無と用いた手法）
⑤ 操作手順（主に人的過誤によるもので，例えばしきい値のセットを多数のチャンネルで誤った値にセットするなど．手順書の有無，オペレータの関与の度合で決まる）
⑥ 訓練（オペレータの訓練の方法により決まる）
⑦ 環境管理（装置が誰でも触れることができるか，管理された部屋で使われているかなど）
⑧ 環境試験（振動，温度，ガスなどの環境試験を行なった度合により決まる）

　　　　（a）信頼性ブロック線図　　　　（b）フォールト・ツリー

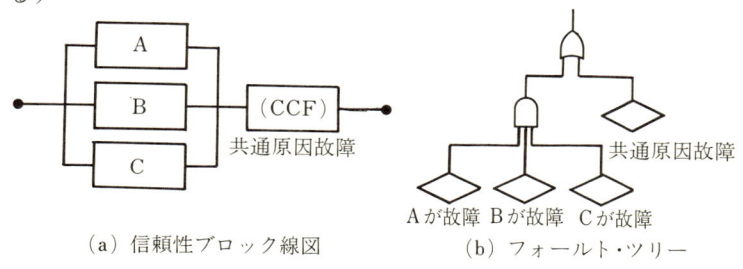

図2.20　共通原因故障

共通原因故障を信頼性ブロック線図で示すと図2.20(a)，フォールト・ツリー（Fault Tree）で示すと図(b)となる．共通原因による故障率を算定することが難しく，βファクタモデル法，境界値モデル法などが試みられている[18]．βファクタモデルは，次式で定義される共通原因故障による故障率の大きさを示すパラメータβを各冗長系の異種性などから推定する．

$$\beta = \frac{\lambda_C}{\lambda_C + \lambda_I} = \frac{\lambda_C}{\lambda_t} \tag{2.63}$$

ここで，λ_C：共通原因故障による故障率，λ_I：独立故障の故障率，$\lambda_t = \lambda_C + \lambda_I$：全故障率である．

この方法では，$\lambda_t = \lambda_C + \lambda_I$とモデル化している．これを信頼性ブロック線図で表現すれば，共通原因による故障のブロックは独立な故障に関するブロックと直列系を形成することになる．なお，上式からλ_Cとλ_Iとの関係は，

$$\lambda_C = \frac{\beta}{1-\beta} \lambda_I \tag{2.64}$$

表2.9　よく用いられるβの値[19]

構成	通常用いられる値	典型的な範囲
同一チャンネルによる冗長系	20 %	5～25 %
部分的に異なる冗長系（ハードまたはソフトの分離）	2 %	0.1～10 %
完全に異なる冗長系	0.2 %	

である．一般によく使われるβの値を表2.9に示す[19]．英国HSEのガイドライン[20]では，異種性のある場合で$\beta = 0.3$～3 %，また，異種性のない場合で$\beta = 3$～30 %を提示している．安全装置についてのβの推

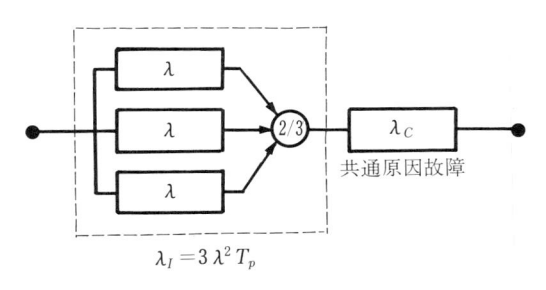

図2.21　共通原因故障の例

$\lambda_I = 3\lambda^2 T_p$

定法は，米国 ISA のガイドライン[17] に手順が紹介されている．

ここでは，数値例として，図 2.21 の 2oo3 アーキテクチャについて，$\beta = 0$ %，1 %，10 %，30 % としたときの様子を見ておこう．各要素は $\lambda = 5 \times 10^{-6}$〔1/時間〕，診断テスト間隔 $T_p = 8766$ h（$= 1$ 年），$\beta = 10$ % とすると，表 2.5 から冗長系の PFD は $(T_p \lambda)^2 = (8766 \times 5 \times 10^{-6})^2 = 1.92 \times 10^{-3}$，また表 2.6 より故障率は $3\lambda^2 T_p = 6.57 \times 10^{-7}$（1/h）であるから，共通原因による故障率は

$$\lambda_C = \frac{0.1}{1-0.1} 6.57 \times 10^{-7} = 7.3 \times 10^{-8} \ (1/\text{h})$$

となる．その他の結果を表 2.10 にまとめる．この例では，$\beta = 30$ % で故障率が 1.4 倍程度増大している．

共通原因故障に対する対策，すなわち共通原因故障による故障率を下げるには[21],[22]，

① 設置場所，設置環境，電源などの供給源の分離，
② 冗長系を構成する要素を異なった機種，さらには可能なら異なった動作原理によるものを採用する，
③ 頑丈な設計とする

などがある．具体的な対策は，文献 21) に詳しい．

以上の理由から，単に冗長系を多くしても PFD は下がらない．例えば，W. M. Goble ら[23] によると，2oo3 アーキテクチャでは β がわずか 0.01（$= 1$ %）程度でも，共通原因故障を考慮しないときに比べてリスク低減係数（第 3 章および 4.3 節 参照）が約 1/5 程度に減じるという結果になっている．

表 2.10 β による機能失敗確率（PFD）の変化（数値例）

β, %	λ_I, 1/時間	λ_C, 1/時間	λ_t, 1/時間	PFD
0	6.57×10^{-7}	0	6.57×10^{-7}	2.83×10^{-3}
1	6.57×10^{-7}	0.07×10^{-7}	6.64×10^{-7}	2.91×10^{-3}
10	6.57×10^{-7}	0.73×10^{-7}	7.30×10^{-7}	3.20×10^{-3}
30	6.57×10^{-7}	2.82×10^{-7}	9.39×10^{-7}	4.12×10^{-3}

（注）各要素の故障率 $\lambda = 5 \times 10^{-6}$（1/h），診断テスト間隔 $T_p = 1$（年）

2.7 まとめ

(1) 作動要求時の機能失敗確率（PFD）

今までの議論のまとめとして，幾つかの代表的構成について診断テストのある場合の平均故障率とPFDを表2.11に示す．

(2) 二つのモードの故障—緊急放出の例—

本章の冒頭で，「安全装置が異種の危険源を導入させることになることがある」と述べた．このことについて簡単な例を示しておきたい．表2.12に示すのは，タンクに設置された放出のための機構の例である[24]．図のリリーフ弁は，タンクの内圧が異常に高くなったときに開くことによってタンクの大規模な損壊とそれによる内容物の大量の流失を防ぐことが要求される機能である．

しかし，この機構には，不必要な漏えいが発生する可能性がある[†]．多数個を分流するように並べると，過圧時の開放失敗という確率は減るが，不要な漏えいの故障率は増大する．表2.12は，この様子を示している．このことは，ある機能について信頼性を向上させるということと同時に，異なる作用について考えることが必要であることを示している．

付録　異常検知における判定の誤り

(1) 判定における誤り

第2章，第3章では，センサ，判断機構（ロジックソルバー），作動部（アクチュエータ）を含め安全装置の故障のみを議論の対象としている．しかし，安全装置に故障がなくとも，次のような判定の誤りが生じうる．

① プラントの異常を見落とし，正常と判断し，停止（トリップ）操作を行なわない（危険側の誤った判定）

② 逆に，プラントには異常がないにもかかわらず一時的な突発信号により

[†] 漏えいなく保持することは，第3章あるいは4.3節でいう連続モードの作動であるから，表2.12でも，PFDではなく故障率で評価している．

付録　異常検知における判定の誤り　（55）

表2.11　安全装置の構成と作動信頼性

項	構成	平均故障率	PFD
1	—[λ]—	λ	$\dfrac{\lambda T_p}{2}$
2	—[λ₁]—[λ₂]—	$\lambda_1 + \lambda_2$	$\mathrm{PFD}_1 + \mathrm{PFD}_2 = \dfrac{(\lambda_1 + \lambda_2)T_p}{2}$
3	—[λ₁]—[λ₂]—[λ₃]—	$\lambda_1 + \lambda_2 + \lambda_3$	$\mathrm{PFD}_1 + \mathrm{PFD}_2 + \mathrm{PFD}_3 = \dfrac{(\lambda_1 + \lambda_2 + \lambda_3)T_p}{2}$
4	[λ]∥[λ] (1oo2)	$\lambda^2 T_p$	$\dfrac{(\lambda T_p)^2}{3}$
5	[λ]∥[λ]∥[λ] (1oo3)	$\lambda^3 T_p^2$	$\dfrac{(\lambda T_p)^3}{4}$
6	(moon)	$_nC_{n-m+1}\lambda^{n-m+1}T_p^{n-m}$ （表2.7参照） （例）2oo3なら $3\lambda^2 T_p$	（表2.6参照） $(\lambda T_p)^2$
7	センサ(SE)—ロジックソルバ(論理部)(LS)—アクチュエータ(FE) （例）λ_{SE}—[λ_{LS}∥λ_{LS}∥λ_{LS}](2/3)—λ_{FE}	—	$\mathrm{PFD}_{SE} + \mathrm{PFD}_{LS} + \mathrm{PFD}_{FN}^{(*)}$ $\dfrac{\lambda_{SE}T_p}{2} + (\lambda_{LS}T_p)^2 + \dfrac{\lambda_{FE}T_p}{2}$

(*) IEC 61508 − Functional Safety of Electrical / Electronic / Programable Electronic Safety − Related Systems Part 6 : Guide lines on the Application of Part 2 and 3.

λ：故障率，T_p：プルーフテスト間隔（プルーフテストはすべての要素に対して同時に行なうとする）

第2章 信頼性工学の数学的基礎―安全装置を中心として―

表2.12 リリーフ弁のアーキテクチャと作動および漏えい発生の信頼性（VDI / VDE 2180 を参考に作成）

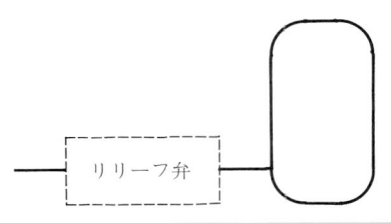

機能	項目	リリーフ弁の配置			
		▷◁	▷◁▷◁(並列)	▷◁▷◁▷◁(並列3)	▷◁▷◁(直列)
作動要求により開く	作動要求時の失敗確率PFD（数値例）	$\dfrac{\lambda T_p}{2}$ (0.025)	$\dfrac{(\lambda T_p)^2}{3}$ (0.00083)	$\dfrac{(\lambda T_p)^3}{4}$ (3.1×10^{-5})	λT_p (0.05)
	機能上の構成	$1\text{oo}1$	$1\text{oo}2$	$1\text{oo}3$	$2\text{oo}2$
通常時，密閉性を保持する	漏えい発生の故障率 [1/年]（数値例）	λ' (0.1[1/年])	$2\lambda'$ (0.2[1/年])	$3\lambda'$ (0.3[1/年])	$\lambda'^2 T_p'$ (3×10^{-5}[1/年])
	機能上の構成	$1\text{oo}1$	$2\text{oo}2$	$3\text{oo}3$	$1\text{oo}2$

λ ：作動要求時に不作動の故障率〔数値例では 0.05（1/年）〕
T_p ：不作動に対する点検周期〔数値例では 1（1/年）〕
λ' ：気密性保持に対する故障率〔数値例では 0.1（1/年）〕
T_p' ：気密性に対する点検周期〔数値例では 0.003（1/年）=（1/日）〕

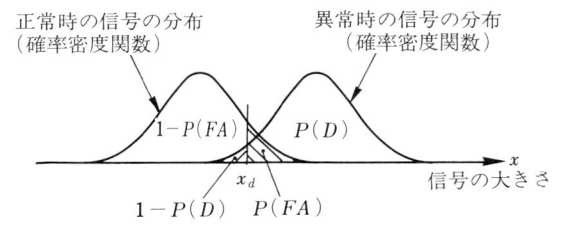

図2.22 判定の基準と誤った判定の確率〔x_d：しきい値（判定基準値）〕

異常と判断し，停止（トリップ）操作を行なう（安全側の誤った判定）

なぜこのようなことが生ずるかを説明する．ある変量（温度，圧力，変位など）をもとに判断する場合を考える．

付録　異常検知における判定の誤り　　（ 57 ）

これらの計測量は，ⓐ 外乱および ⓑ 不確定性（例えば反応槽内では，撹拌していても温度は均一ではなく，局所的に高いところ，低いところが存在する）により，あるばらつきを有した分布となる．このばらつきは，ⓐ，ⓑ の理由が存在する以上不可避である．この状況では，判定の基礎となる信号 x は図 2.22 で模式的に示されるような分布をする．異常時には信号が大きな場合を想定し，式 (2.65) で示される判定を行なうとする（しきい値法）．

ここで，x：信号の値，x_d：判定の基準値である．

先に述べたように，プラントが正常でも $x > x_d$ となることがある．このと

$$\left. \begin{array}{l} x \leq x_d \text{ なら 正常} \\ x > x_d \text{ なら 異常} \end{array} \right\} \quad (2.65)$$

きは，正常であるにもかかわらず "異常" と判定してしまう．これは，安全側に誤った判定であり，ここでは「誤報」と名づける．誤報が発生する確率を誤報率といい，$P(FA)$ と表記する．この $P(FA)$ は，正常時の信号の分布で x_d より大きい部分の面積である．逆に，プラントが異常でも $x \leq x_d$ となり，"正常" と判断してしまうことがある．これは危険側に誤った判定であり，「欠報」といい，この確率を欠報率といい，これは，異常のときの信号の分布で x_d より小さい部分の面積である．異常のときに "異常" と正しく判定（正報）する確率を $P(D)$ とすると，欠報率は $1 - P(D)$ となる．これ以外に，正常のときに "正常" と判断するという「正しい判定」があり，全部で 4 通りの判定がある（表 2.13）．

$P(D) = 1, P(FA) = 0$ とすることができないので，欠報により重大な事故が

表 2.13　判定

プラントの状態	判定とその確率	
	「正常」と判定	「異常」と判定
正常	（正しい判定） $1 - P(FA)$	誤報 $P(FA)$ （安全側に誤った判定）
異常	欠報 $1 - P(D)$ （危険側に誤った判定）	正報 $P(D)$

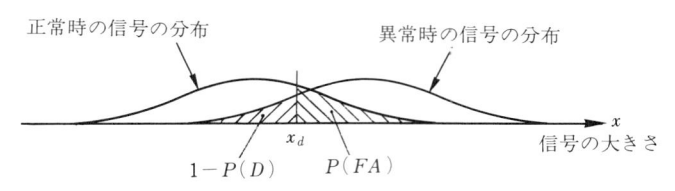

図2.23 誤った判定の確率（ばらつきが大きい場合）

予想される場合には x_d を下げることで検出力 $P(D)$ を高め（高感度化），欠報率 $1-P(D)$ を下げる．このとき誤報率 $P(FA)$ は大きくなる．逆に，欠報により機器が破損しても軽微な場合には $P(D)$ を下げ，$P(FA)$ を低めに抑える．

図2.23は，信号のばらつきが大きいときの模式図で，判定がより困難となる．

（2）判定の信頼性の定量的表現―ROC曲線―

以上のように，判定の基準を変えると $P(FA)$，$P(D)$ が変化するので，$P(FA)$ と $P(D)$ の関係を図示することが必要になる．ROC (Receiver Operating Characterisitic) 曲線（図2.24）は，横軸を $P(FA)$，縦軸を $P(D)$ として，x_d をパラメータとして描いたもので[25]，監視，診断系の特性を表現している．検出率 $P(D)=1$，誤報率 $P(FA)=0$ である左上の点が理想点であるが，これは現実不可能である．一般に，検出率 $P(D)$ を高める目的で高感度化を図る（x_d を小さくする）と，誤報率 $P(FA)$ も高くなり，動作点は右上へ移動する．また，$P(D)$ 下げる，すなわち低感度化すると誤報率も低くなるから，動作点は左下に移動する．したがって，全体としては右上

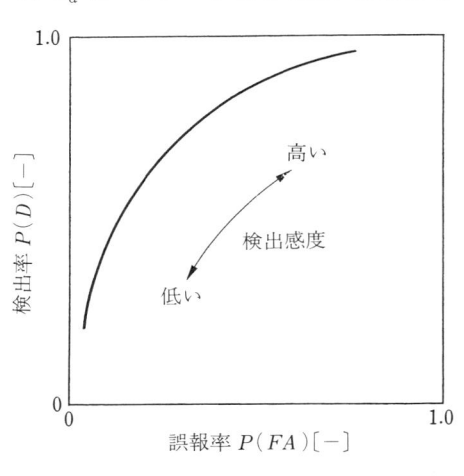

図2.24 ROC曲線（模式図）

の点と左下の点を結ぶ曲線となる．例として，振動の大きさで軸受の油切れ破損を検知する場合[26]の例を示す．ここで，判定の基準になるしきい値Tを20から160 gal（galは振動加速度の単位）まで変えてROC曲線を描くと図2.25となる．

ROC曲線を描くことにより，ある判定基準で得られる誤報率，欠報率を予測することができ，監視装置の合理的設計ができる．判

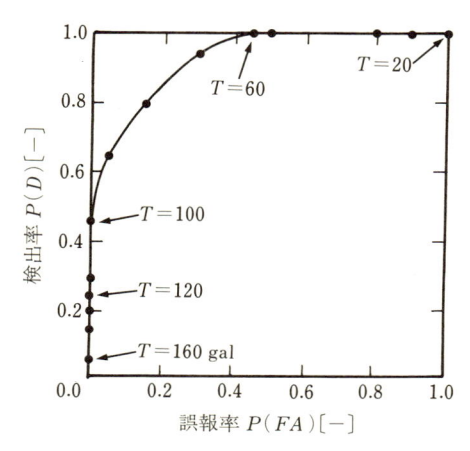

図2.25 ROC曲線を用いた検討の例

定基準を調整しても十分な結果が得られない場合は，ROC曲線全体を左上の$P(D)=1, P(FA)=0$の方へ移動しなければならない．

これには，

① 判定をしきい値x_dとの比較によるのではなく，適当な前処理，例えばモデルベースの方法を用いる[5]，
② 他の情報（異なった場所の計測値，異種の計測値，例えば，圧力と温度）と統合して判定を行なう，

という対応が必要である．

参考文献

1) 信頼性研究委員会編：初等信頼性テキスト，日科技連出版社 (1967).
2) JIS Z 8115-1981「信頼性用語」．
3) R. F. Drenick : "The Failure Law of Complex Equipment", Journal of the Society for Industrial Applied Mathematics, Vol. 8 (1960) pp. 680-690.
4) H. G. Lawley and T. A. Kletz : "High-Pressure-Trip Systems for Vessel Protection", Chemical Engineering, May 12 (1975) pp. 81-88.
5) 福田隆文：「設備診断技術（その1）－その概要と診断の信頼性の評価について－」，安全工学，36, 4 (1997) pp. 247-252.
6) D. Smith : Reliability Maintainability and Risk — Practical Methods for Engineers — 4 th ed., Butterworth Heinemann (1993) pp. 90-91.

(60)　第2章　信頼性工学の数学的基礎―安全装置を中心として―

7) CCPS/AIChE : Guidelines for Chemical Process Quantitative Risk Analysis (1998) pp. 401.
8) CCPS/AIChE : Guidelines for Safe Automation of Chemical Processes (1993) pp. 60.
9) M. Modarres : What Every Engineer Should Know about Reliability and Risk Analysis, Marcel Dekker (1993) pp. 133-135.
10) IEC 61078 "Analysis Techniques for Dependability- Reliability Block Diagram Method", 1st ed. (1991).
11) IEC 61165 "Application of Markov Techniques", 1 st ed. (1995).
12) W. M. Goble : Control Systems Safety Evaluation and Reliability 2 nd ed., ISA (1998) pp. 147-186.
13) 6) の pp. 92-97.
14) A. Hoyland and M. Rausand : "System Reliability Theory ― Models and Statistical Methods―", John wiley and Sons (1994) pp. 251-254.
15) K. C. Hignett : "Practical Safety and Reliability Assessment", E & FN Spon (1996) pp. 120-144.
16) 6) の pp. 107-115.
17) 9) の pp. 225-236.
18) P. Stavrianidis : "Reliability and Uncertainty Analysis of Hardware Failures of a Programmable Electronic Systems", Reliability Engineering and System Safety, Vol. **39** (1992) pp. 309-324.
19) 14) の pp. 247-251.
20) HSE : "Programable Electronic Systems in Safety Related Systems, part 2", General Technical Guidelines (1995) pp. 40-47.
21) 12) の pp. 225-227.
22) 6) の pp. 107-115.
23) W. M. Goble : J. V. Bukowsiki and A. C. Brombacher : "How Common Cause Ruins the Safety Rating of a Fault Tolerant PES", amended version of paper presented at ISA Sparinf Symposium, June. (1996).
24) VDI/VDE 2180 Sicherung von Anlagen der Verfahrenstechnik mit Mitteln der Prozeßleittechnik (PLT) Berechnungsmethoden für Zuverlässigkeitskenngrößen von PLT - Schutzeinrichtungen, Blatt 4 (案) (1996).
25) H. L. Van Trees : "Detection, Estimation, and Modulation Theory - Part 1 Detection, Estimation and Linear Modulation Theory", John Wiley & Sons (1968). pp. 23-46.
26) 李　軒・福田隆文・清水久二：「回転機械の軸受監視における警報の信頼性の評価―誤報等により生じる損失に関する考察―」, 日本機械学会論文集 (C編), **63**, 606 (1995) pp. 470-475.

直接引用していないが，特に参考とした書籍，文献

* 渡部隆一・マルコフ・チェーン，共立出版 (1979).
* 森村英典・高橋幸雄：マルコフ解析，日科技連出版社 (1979).
* HSE : "Programable Electronic Systems in Safety Related Systems, part 1" Introductory Guide (1987).
* H. Ozog : "Hazard Identification, Analysis and Control", Chemical Engineering, Febrary 18 (1995) pp. 161-170.

第3章　安全装置の設計上の諸概念

3.1　安全装置の計装化への歴史

　ワットの蒸気機関の発明以来，欧州ではその関連する圧力装置は頻繁に事故を起こして人身に危害を加えた．当時，圧力計を使って超過圧力を監視する技術は未熟であり，内部圧力が何らかの理由で容器材質の強度を越え，たびたび危険な破壊を起こしたことは想像に難くない．通常，このよう事故の後，原因は容器の強度不足とされ，材質の改善か容器壁の肉厚を厚くするかの解決策が図られた．すなわち，この時代圧力容器の安全性は材料の強度に全面的に依存していたのである（図3.1）．

3.1.1　安全弁の発明

　しかし，その後の安全弁の発明はこの事態を一変させた．小さな安全弁を圧力容器に取り付けるだけで，使用者の圧力超過への懸念と爆発の危険性はかなり緩和された〔図3.1(b)〕．その結果，設計者が材料の厳密な強度計算に頼らなくても容器の安全性は十分に保たれるようになった．以後，これに類するリリーフ弁，ラプチャディスクなどの機械式の安全装置が開発され，化学プラントをはじめ広く使われている．

　しかし，安全弁の本質的な短所は
① 保守が面倒なこと
② 原理的に微小漏えいや不安定な流出が避けられない

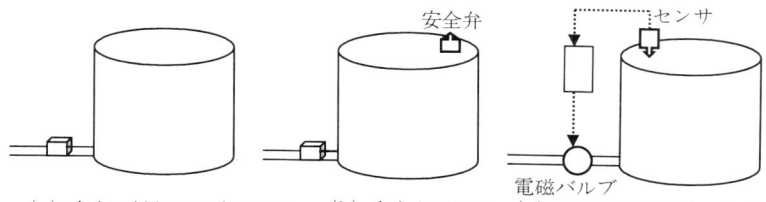

（a）安全は材料の強度に依存　　（b）安全弁に依存　　（c）計装系の信頼性に依存

図3.1　安全系の安全機能具体化の変遷

ことである．

　特に近年，地球環境問題への意識が高まるにつれ，有害物質の大気中へのリリーフ弁漏えいが問題にされ始めている．実際，セベソのホフマン・ラローシュ社の事故の際はダイオキシンがラプチャディスクから大気中へ大量に排出してしまった．その原因の一つは，二相流の予測不能な不安定流動条件があるといわれている．

3.1.2　計装系を使った安全装置の出現

　これ以降，有害・危険性物質を処理するプロセスでは，圧力系全体を容器に閉じ込め，計測と制御技術により圧力調節し安全性を維持する（計装化安全機能）という考えへと技術開発の関心が向かった〔図3.1（c）〕．

　このような技術が可能になったのも，原子力や航空宇宙の分野で計装装置の個々の故障データが集積され，これをもとにした信頼性評価と設計とが理論ベースで行なえるようになったからである．同時に，計装系の長期にわたる信頼性の保証は，ドイツのTÜV（Technische Überwachung Verein：技術検査協会，ラインランド，バイエルンなど）のような第3者検査機関による電子機器の認定・認証に負うところが大きい．

　最後に指摘すべき要因は，マイクロプロセッサ応用技術の進歩が挙げられる．オランダの二つの専門メーカーが開発した安全機能専用PLC（Programmable Logic Controller，商品名：フェールセーフコントローラなど）は驚異的な低故障率を誇り（TÜVの認定を獲得），かつその自己診断率によって待機冗長系の信頼性を飛躍的に向上させた．

　さらに，通常のマイコンにはない数々の先進技術が組み込まれており，先の保守問題や「稼働率維持」という難問も解決した．一般に，安全装置/安全機能は「いざとなったら動作する」，いわゆる待機冗長系（function on demand）である．したがって，待機系の信頼性はその動作確認のための検査（診断テスト）間隔に大幅に依存する．経済性の追求のために頻繁な検査ができない化学プラントの場合，この検査間隔をいかに短縮するかが現実的な課題となる．この難問を先の専用PLCが電子的に解決した．詳細は後程触れることにする．

以上述べたように，安全装置は金物としての材料強度依存の方式から，電気/電子/ PES（Programmable Electronic System）を使った計装系の信頼性依存方式へと歴史的に広がりを見せてきた．その選択は，リスクやコストを考えた安全工学の論理に従い，稼働率を問題にする既往工学の論理に一律に依存するわけではない．

3.2 安全機能[†]とは何か

日本語において，安全機能とは文字どおり「安全性を強める働き」と解釈される．しかし，ISO/ IEC ガイド 51 の趣旨に従い安全機能の意義を論ずるには，危険性，あるいはリスクに対する認識が前提となる．まったく事故を起こさない機械について安全機能を考えることはできない．

しかし，国内・海外での同種の設備に対する事故統計からリスクを推定することができる．欧州規格「EN 954」は安全タスク（safety task）なる用語を使っている．考えられる安全機能の一部の具体例を表 3.1 に列挙する．

通常，この分析は HAZOP（Hazard and Operability Study），FMEA（Failure Mode and Effects Analysis）で実施されるが，この際危険状態は一つに限定されない．また，この表では自律的な安全機能は除外されている．

安全機能を実際にハードウェアで実現する系を安全関連系と呼ぶが，特にプロセス設備（EUC : Equipment Under Control）を緊急に停止させる方向に作用する場合は，この機能をトリップと称し，それを実現する装置がトリ

表 3.1 安全機能の具体例

機械・設備	危険モード	安全機能
高圧力プラント	臨界点を超える高圧力	・気体を解放する ・給気系を遮断する
回転機器	臨界点を超える高速度	・制動をかける ・回転駆動を遮断

[†] IEC の英文では，機能安全と安全機能とは使い分けている．

3.2 安全機能とは何か

ップ装置である.しかし,安全機能≡トリップではない.同様に安全関連系といえばハードからソフトまで含まれる.規格 IEC 61508 では広義に捉えるために安全機能という用語を使う.通常の制御機能との違いは,EUC 制御装置との間に完全な独立性があり,この条件が充足されないとリスク低減効果は激減する.

次に,運転中の機械・設備(EUC)がある危険臨界点に達すると,安全関連系に対して安全機能の作動要求信号が出される.これを作動要求(demand)という.このとき,確実に安全機能を遂行できるか,否かの能力を safety integrity と称し,確率で評価する.JIS C 0508 でも「安全度」と翻訳している.

しかし,安全機能の非遂行能力が即プラントハザードに等しいわけではないので,この翻訳は誤解を招きやすい.また ISA(Instrument Society of America)の基本的概念は IEC と変わるところはないが,用語は異なるので念のため IEC~ISA 間の用語の対応を示す(表 3.2).

表 3.2 IEC / ISA 間の主要な用語の相違

IEC 61508 (Part 4)	ISA S 84.01	説明
E / E / PES Safety Related System	SIS (Safety Instrumented System)	IEC では全技術利用の安全関連系を対象.ISA S 84.01 では SIS 利用の技術のみを対象.
PES	PES	IEC の PES はセンサ,終端制御要素を含める.ISA の PES は両者を含めず.
EUC	Process or BPCS*	IEC では一般的なプロセスに対して制御下の機器(EUC)と称する.
Assessment	PSSR	ISA ではアセスメントを Pre-startup safety review と呼ぶ.
Functional Requirement Specification	Safety Requirement Specifications	IEC では機能的と称し,ISA では安全上の称する.

BPCS = Basic Process Control System

第3章 安全装置の設計上の諸概念

表3.3 IFCのSIL分類と他の分類との比較

IPFクラス	必要なPFD確率	SIL/IECクラス	DIN 19250 AKクラス
I	$\geq 10^{-1}$	—	—
II	$\geq 10^{-1}$	—	1
III	$\geq 10^{-2} \sim < 10^{-1}$	1	2〜3
IV	$\geq 10^{-3} \sim < 10^{-2}$	2	4
V	$\geq 10^{-4} \sim < 10^{-3}$	3	5
VI	$\geq 10^{-4} \sim < 10^{-3}$	3	6
X	$\geq 10^{-5} \sim < 10^{-4}$	4	7〜8

　安全度は，安全装置を構成する素子などの故障率や検査間隔などの関数であり，その解析ではマルコフモデルが威力を発揮する．その古典理論の一例を本章の付録に示す．

　安全機能の非遂行能力を確率で評価し「作動要求に対する機能失敗確率 PFD（Probability of Failure on Demand）」と呼び，

$$\mathrm{PFD} = 1 - \mathrm{prob}（安全機能の遂行）$$

により計算する．受動的な要素で連続的な動作を考える場合，これは信頼性理論の不信頼度 F に相当する．$F = 1 - R$ である．

　化学プラントの場合，低作動要求モードが多いので，PFDは安全機能のリスク低減能力を表わすSIL（Safety Integrity Level）に直接関係する．IEC 61508では4段階のSIL数値目標を規定している．シェル社のIFP分類，TÜVのAK分類，およびIECとの対応表を表3.3に示す．この場合，SILは確率であるので，単位は無次元である．

3.3 リスク低減量の解析的な求め方

3.3.1 リスクの定義と変換

　あるプラントの爆発・火災などの災害（ハザード）を考える場合，その脅威として一方では災害の重大性，例えば修復費用や操業停止による損失，あるいは環境汚染に対する補償など，いわば貨幣価値に換算し得る要因がある．さらに他方では，その災害がどれほどの確率（あるいは頻度）で発生するかの要因がある．リスクとは筆者が文献1)で解説したとおり，この重大性 C

3.3 リスク低減量の解析的な求め方

(consequence, あるいは損害額)とその確率(あるいは単位時間当たりの頻度)Fとの積である.

$$R = C \times F$$

多様な災害に応じてこのリスクRが一定の曲線を描くと,図3.2のような曲線になる.重大性Cは,プラントの形態や立地や生産種別によって相対的に変わるから,Cの絶対尺度を決めることはできない.具体的にある国でCが決められれば,それに応じて頻度F_{np}が決まる.IEC 61508では,上述の議論を図3.3のように図解している.

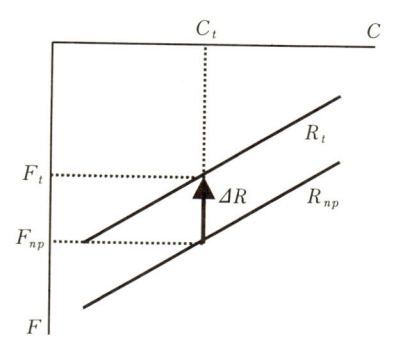

図3.2 リスク線図

すなわち,リスクR(貨幣単位 × year^{-1})の代わりに頻度(1/year)を新しい危険性の尺度としている.これを本書においては頻度リスクと呼称する.さらに,リスク曲線を段階化し判読しやすいように変換したのが表3.4であるが,非常に経験技術的である.

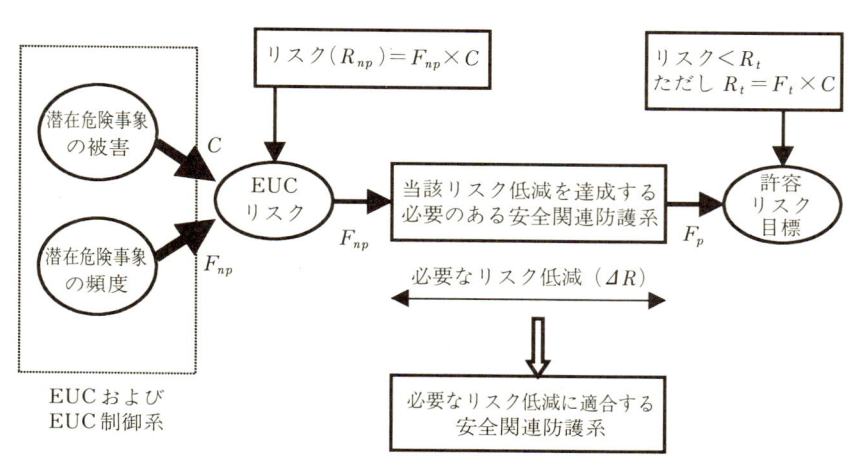

図3.3 安全度の割り当て(安全関連防護系の例)

表 3.4 リスクの等級分け

(a) 災害に関するリスクの等級化

頻度	結果			
	破局的	重大な	軽微な	無視できる
頻繁に起こる	I	I	I	II
かなり起こる	I	I	II	III
たまに起こる	I	II	III	III
あまり起こらない	II	III	III	IV
起こりそうもない	III	III	IV	IV
信じられない	IV	IV	IV	IV

(注) 実際にどの事象がどの等級になるかは，適用される分野によって異なり，また「頻繁に起こる」または「かなり起こる」などというのが実際にどのくらいの頻度なのかに依存する．したがって，この表は，今後利用するための仕様として見るよりは，このような表がどのようなものかを示す一例として見るべきである．

(b) リスク等級の説明

リスク等級	説明
等級 I	許容できないリスク
等級 II	好ましくないリスク．リスク軽減が非現実的，すなわちリスク軽減にかかる費用対効果が著しく不均衡であるときだけ許容しなければならない好ましくないリスク
等級 III	リスク軽減にかかる費用が得られる改善効果を超えるときに許容できるリスク
等級 IV	無視できるリスク

3.3.2 許容可能なリスク

多重防護の思想は，必要な機械・電気的手段でこのプラントのハザードを許容し得るリスク R_t まで低減しようとするものである．新しく導入された尺度を使えば，F_t は許容し得る頻度リスクの目標値である．さて，プラント危険（EUC Risk）がリスク頻度 F_{np} で推定され，これを許容し得る量 F_t まで低減するために安全関連系を使う場合，この系の機能の信頼性（あるいは確実性）が問題となる．安全は絶対確実ということはありえないので，その不信頼度が先に述べた機能失敗確率 PFD である．システムが複数チャンネルが構成される場合は，その平均値を意味する avg を添書する．

プラントハザードのリスク頻度と安全関連系の機能失敗確率の積が残留リ

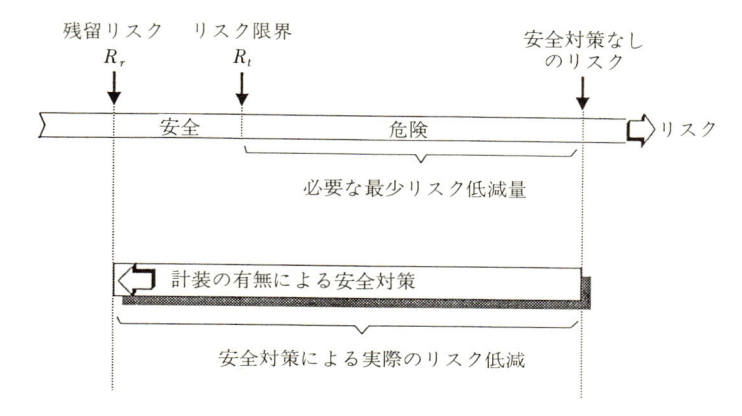

3.3 リスク低減量の解析的な求め方

```
残留リスク    リスク限界                     安全対策なし
  R_r           R_t                          のリスク
   ↓            ↓                              ↓
├─────┤─────────────────────────────┤
│ 安全 │           危険                │ ⇨ リスク
├─────┤─────────────────────────────┤
         └──────┬──────────────┘
          必要な最少リスク低減量

       ⇦══════════════════════════════
       │   計装の有無による安全対策       │
        ══════════════════════════════
       └──────────┬──────────────┘
           安全対策による実際のリスク低減
```

図 3.4 安全対策によるリスク低減の尺度

スク頻度である。すなわち

$$\text{PFD}_{\text{avg}} \times F_{np} \leqq F_t$$

が必要条件である。

F_{np} は安全関連系に対する EUC 側からの作動要求（ディマンド）と解釈されるので，PFD_{avg} は物理的には作動要求に対応する機能遂行に失敗する確率である。その原因は，主に安全関連系のハードの劣化故障，ソフトのシステム欠陥によるものである。換言すれば，化学・熱力学的な不確定性を電気・電子的な不確定に代替えしたものと解釈される。

上式の両辺の対数を取れば

$$-\log(1/\text{PFD}_{\text{avg}}) + (\log F_{np}) \leqq \log F_t$$

となり，左辺のマイナスが増大し，リスク頻度の低減量を与える。各種の冗長構成（アーキテクチャ）で安全関連系を構成したとき，その統合された PFD_{avg} を安全度水準（SIL）である。上の不等式を図解すると図 3.4 になる。このとき，

$$\text{プラントハザード率} = \text{作動要求率} \times \text{SIL}$$

とリスクが減少する。

3.4 SIL数値目標実現のための設計計算

3.4.1 作動要求頻度による運用モードの違い

当初,SILは化学プラントで多く使用される待機型冗長系に対して考えられていたので,SIL目標は不動作の確率のみでよかった.しかしIEC 61508の原案作成過程で工作機械の安全専門家が加わったため,運用モードを広げ,連続動作型の安全機能に対しても同様の目標が設定されることになった.この場合の数値の単位は故障率である(単位は1/h).

連続動作は,安全機能に対する作動要求の頻度が高く,作動要求時の動作確率よりもむしろ時間非依存量としての故障率が使われる.計算方法は,従来の信頼性理論の応用で可能であるので割愛する.本節では,待機冗長系の設計方法をやや詳しく述べることにする.

与えられたプラント危険性のもとでこのSILをどのように決定していくかが,安全関連系の設計課題である.その手順を以下に整理する.

① 当初の無防護の状況でプラント(EUC)リスクを推定する.
② 同状況下で重大性(C)を定める.
③ 表3.4を用いて頻度F_{np}と重大性Cに対し,許容し得るリスク水準が充足されているか否かを調べる.

もし同表によってリスク等級Ⅰに該当するならば,一層のリスク低減が必要になる.リスク等級Ⅲ,Ⅳとは許容し得るリスクに相当しよう.リスク等級Ⅱは,さらなる調査が必要である.

同表は,一層のリスク低減処置が必要か否かを決めるものである.なぜなら,何らかの防護対策なしにトレラブルリスクを達成することが可能であるからである.

④ 次に,必要なリスク低減量ΔRに見合う安全関連防護系の作動要求時の機能失敗確率PFD_{avg}を定める.ある特定状況での損害が一定であるとすれば,

$$\text{PFD}_{\text{avg}} = (F_t / F_{np}) = \Delta R$$

である.

3.4 SIL数値目標実現のための設計計算　（71）

センサと入力イン	→	ロジック系の	→	出力インタ
ターフェイスの要素		要素		ーフェイス
				と終端要素

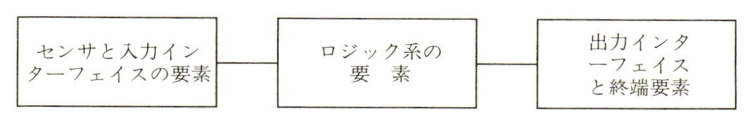

図3.5　安全関連系（E/E/PES）の一般構造

⑤ $PFD_{avg} = (F_t / F_{np})$ に対し，安全度水準（SIL）は IEC 61508 第1部の表2（本書の表4.5，4.6（p.153））より得られる．例えば，$PFD_{avg} = 10^{-2} \sim 10^{-3}$ において，SIL = 2 となる．

3.4.2　複合系の機能失敗確率 PFD_{avg} の計算手順

E/E/PES 安全関連系に対する作動要求において，その機能作動に失敗する確率の平均値 PFD_{avg} は，下式のように防護機能に寄与するすべてのサブシステム（要素，部品）の不動作確率の和として計算される（図3.5）．

$$PFD_{avg} = \Sigma PFD_{se} + \Sigma PFD_{ls} + \Sigma PFD_{fe}$$

ここで添字は，avg：系全体の平均値，se：センサと入力インターフェイス，ls：論理システムの要素，fe：出力イターフェイスと終端要素である．

そこで，次の手順で設計を進める．はじめに，システム入力，論理システム，システム出力の各要素の関係を示すブロック線図を描く．まずシステム入力要素の具体例とはセンサ，ゲート，前置増幅器などであり，論理システム要素は演算処理器，マルチプレックサモジュール，最後の出力システム要素は出力増幅器，ゲート，アクチュエータがこれに相当する．これらの要素の集まりが 1oo1, 1oo2, 2oo2, 1oo2 などである．

診断テスト間隔が6カ月，1～10年に対応した表3.5を参照する．また，この表では顕在化した故障に対する平均修復時間を8時間と仮定している．同表の中から，それぞれのサブシステム要素に対応した表を選び，下記の項目を決める．

～冗長構成〔アーキテクチャ（architecture）〕：例えば 2oo3 とする

～自己診断率 DC（Diagnostic Coverage）（例えば 60％とする）

～その要素の時間当たりの故障確率（＝故障率）を λ とする（例えば，5×10^{-6} とする）

同表より，作動要求時の機能失敗確率を求める．なお，作動要求時のセン

表3.5 PFDに対する推薦値（診断テスト間隔1年，修理時間8時間）

(a) センサ

アーキテクチャ	DC	$\lambda = 5.0\,E-06$		
		$\beta = 1\%$	$\beta = 5\%$	$\beta = 10\%$
2oo3	0%	6.8 E-04	1.5 E-03	2.5 E-03
	60%	1.6 E-04	5.1 E-04	9.4 E-04
	90%	2.7 E-05	1.2 E-04	2.3 E-04
	99%	2.5 E-06	1.2 E-05	2.4 E-05

(b) ロジックソルバ

アーキテクチャ	DC	$\lambda = 1.0\,E-05$		
		$\beta = 1\%$	$\beta = 5\%$	$\beta = 10\%$
1oo2 D	0%	1.1 E-03	2.7 E-03	4.8 E-03
	60%	2.0 E-04	9.0 E-04	1.8 E-03
	90%	4.5 E-05	2.2 E-04	4.4 E-04
	99%	4.8 E-06	2.4 E-05	4.8 E-05

(c) 終端要素

アーキテクチャ	DC	$\lambda = 1.0\,E-06$			$\lambda = 5.0\,E-06$		
		$\beta = 1\%$	$\beta = 5\%$	$\beta = 10\%$	$\beta = 1\%$	$\beta = 5\%$	$\beta = 10\%$
1oo1	0%			2.2 E-03			1.1 E-02
	60%			8.8 E-04			4.4 E-03
	90%			2.2 E-04			1.1 E-03
	99%			2.6 E-05			1.3 E-04

サ，アクチュエータの機能失敗の結合確率 PFD_{se}，PFD_{fe} は下式により計算する．

$$PFD_{se} = \Sigma\, PFD_i$$

$$PFD_{fe} = \Sigma\, PFD_i$$

以下に具体的な数値計算例を示す．

3.4.3 設計例

SIL2が要求される安全関連系を設計してみよう．ここでまず最初の仮定として，系の構成として3個の圧力センサを2oo3の多数決論理で出力する

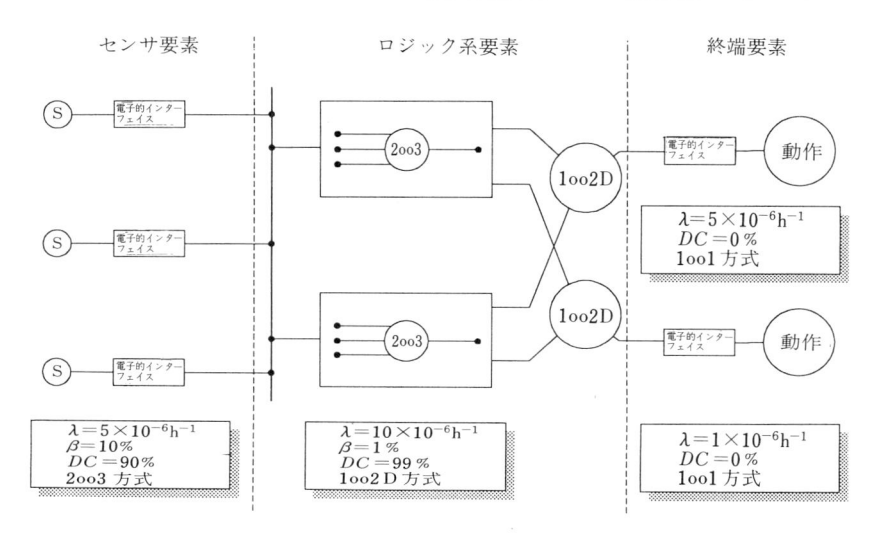

3.4 SIL 数値目標実現のための設計計算　　(73)

```
センサ要素          ロジック系要素          終端要素
```

図中ラベル:
- センサ側: $\lambda = 5\times10^{-6}\,\text{h}^{-1}$, $\beta = 10\%$, $DC = 90\%$, 2oo3 方式
- ロジック系: $\lambda = 10\times10^{-6}\,\text{h}^{-1}$, $\beta = 1\%$, $DC = 99\%$, 1oo2D 方式
- 終端側 (上): $\lambda = 5\times10^{-6}\,\text{h}^{-1}$, $DC = 0\%$, 1oo1 方式
- 終端側 (下): $\lambda = 1\times10^{-6}\,\text{h}^{-1}$, $DC = 0\%$, 1oo1 方式

図 3.6 具体例 1 に対するアーキテクチュア

センサモジュールを想定する（図 3.6）．この信号を 1oo2 D で選別し，単一の遮断弁と放出弁とを駆動する．診断テスト間隔は 1 年とする．

（第 1 段階）

まずセンサ部については

$$\text{PFD}_{\text{se}} = 2.3 \times 10^{-4}$$

論理変換部については

$$\text{PFD}_{\text{ls}} = 4.8 \times 10^{-6}$$

終端部については二つの弁が同時に機能失敗する結合確率は

$$\text{PFD}_{\text{fe}} = 1.1 \times 10^{-2} + 2.2 \times 10^{-3} = 1.3 \times 10^{-2}$$

したがって，安全機能については

$$\text{PFD}_{\text{avg}} = 2.3 \times 10^{-4} + 4.8 \times 10^{-6} + 1.3 \times 10^{-2} = 1.3 \times 10^{-2}$$

これは SIL 1 に相当する．

（第 2 段階）

上記を SIL 2 に近づけるには，診断テスト間隔を 1/2 年に短縮する．新しい条件で数値を変えると

(74) 第3章 安全装置の設計上の諸概念

$$\text{PFD}_{se} = 1.1 \times 10^{-4}$$
$$\text{PFD}_{ls} = 2.6 \times 10^{-6}$$
$$\text{PFD}_{fe} = 5.5 \times 10^{-3} + 1.1 \times 10^{-3} = 6.6 \times 10^{-3}$$
$$\text{PFD}_{avg} = 6.7 \times 10^{-3} \quad \rightarrow \text{SIL} \, 2$$

あるいは，緊急遮断弁を1oo2に増強し（$\beta = 5\%$と仮定），診断テスト間隔を2年としても

$$\text{PFD}_{se} = 4.6 \times 10^{-4}$$
$$\text{PFD}_{ls} = 9.2 \times 10^{-6}$$
$$\text{PFD}_{fe} = 2.7 \times 10^{-3} + 4.4 \times 10^{-3} = 7.1 \times 10^{-3}$$
$$\text{PFD}_{avg} = 7.6 \times 10^{-3} \quad \rightarrow \text{SIL} \, 2$$

この方法でもSIL2を実現することができる．

なお，ここで使用したSIL計算用の別表については，IECにおいて継続的な改訂が予想されており，実際の適用には最新版の参照を推薦する．

3.4.4 エンジニアリング経験による設計

シェル社では上のような解析をプラント全域に適用しているわけではなく，図3.7のような標準的な安全関連系の雛形を作り，これをベースに実際の設計や保守に利用している模様である．

3.5 フォールトトレランス（対故障寛容性）要求

冗長性とは，同一機能を択一的に遂行しうる二つ以上のシステムを装備していること，つまり一つのシステムが故障しても，2番目の防護システムがその機能を支援・補佐することである．潜在する故障へは，また防護機能を顕在する故障へはフォールトトレランス（fault tolerance）性を発揮すると期待される．冗長性はSIL概念とは独立した機能と考えられ，IEC 61508（Part 2）では冗長性とDCに応じたSIL数値の上限が定められている．また，1999年3月の改訂案では自己診断率DCの代わりにSFF（安全側故障比率）が採用されているが，DC→SSFへの数値換算の変更のみで内容の変更はない．

IEC 61508（part 2）の表3.6はタイプA，タイプBそれぞれに対するSIL

3.5 フォールトトレランス（対故障寛容性）要求 （75）

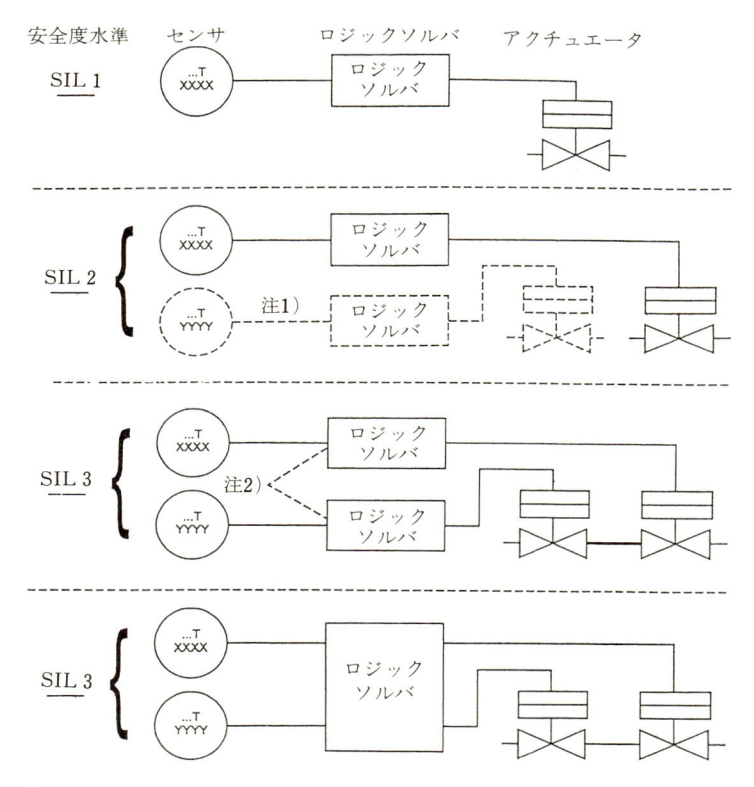

図3.7 エンジニアリング経験によりSILを実現する具体例
（注1）センサ，ロジックソルバ，終端要素は安全有効性の要求により冗長性があってもよい
（注2）同じ二つのSIL1の特性はSIL1のSISの特性と同等ではない

上限値の規格値であり，実用的にはフォールトトレランスが一つ増えればSILの上限値は1ランク上がると考えてよい．A, Bサブシステムの故障形態の違いは本章の付録において解説する．

　次に，タイプA, タイプBそれぞれが混在する全体システムに対してはフォールトトレランス要求はどうなるであろうか．具体例として三つの単一チャンネルのサブシステムによって構成される安全関連系を想定する（図3.8）．ただし，DCは所定の一定値（ここでは0％）とする．

第3章　安全装置の設計上の諸概念

表3.6　ハードウェアの安全度（ハードウェアフォールトトレランスとは危険な状態に陥ることなくデバイス内での生起を許す最大故障数）

(a) タイプA

自己診断率(DC)	ハードウェアフォールトトレランス		
	0	1	2
ゼロ(0%)	SIL 1	SIL 2	SIL 3
低(60%)	SIL 2	SIL 3	SIL 4
中(90%)	SIL 3	SIL 4	SIL 4
高(99%)	SIL 4	SIL 4	SIL 4

(b) タイプB

自己診断率(DC)	ハードウェアフォールトトレランス		
	0	1	2
ゼロ(0%)	使用せず	SIL 1	SIL 2
低(60%)	SIL 1	SIL 2	SIL 3
中(90%)	SIL 2	SIL 3	SIL 4
高(99%)	SIL 3	SIL 4	SIL 4

(c) 分類パラメータの対応

DC(%)	SFF(%)
ゼロ：0	< 60
低：60	60～90
中：90	90～99
高：99	> 99

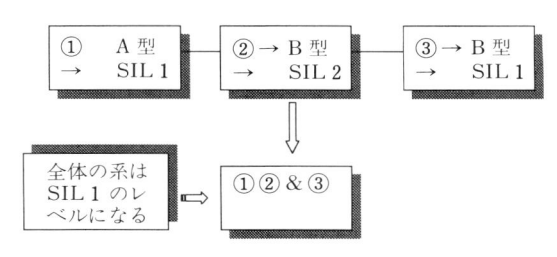

図3.8　安全機能を遂行する単一チャンネルに対する
ハードウェアの安全度の制約

サブシステム1はタイプAでSIL1フォールトトレランス要求を実現している．その他のサブシステムについては図中を参照されたし．これら三つが一つのシステムを構成した場合，その安全機能遂行上要求されるフォール

トトレランス要求は SIL 1 のものとみなされる．なお，複数のチャンネルについては IEC 61508 (Part 2) を参照されたし．

3.6 リスクグラフによる SIL の決定法

IEC 61508 では，SIL の決定法として一つの定量的決定法と二つの定性的決定法を例示している．定量的決定法とは，許容可能なリスクレベルから許容可能な全システムの故障頻度を決定し，その故障頻度を達成すべく E/E/PE の SIL を決定するものである．定性的決定法には，リスクグラフ（risk graph）による方法と危険事象重要度マトリックス法（hazardous event severity matrix）が紹介されている．

リスクグラフはドイツの DIN V 19250 で採用された方法であり，危険事象重要度マトリックス法は米国 ISA にて採用された方法である．両方法とも，システム故障により引き起こされる災害の発生頻度と大きさ，防護システムの充実度といったパラメータを 3 段階程度にクラス分けし，E/E/PE に必要とされる SIL を決定するものである．ここでは，リスクグラフの方法について紹介する．

リスク R を災害の発生頻度 f と災害の大きさ C の積で表現する．

$$R = f \times C$$

ここで，f は防護システムを一切付けない場合の災害の発生頻度を表わす．したがって，R は防護システムを一切付けない場合のリスクの大きさを示す．

また，f に影響する要因として以下の三つのパラメータ（F, P, W）を考える．

F：人がその災害により発生する危険範囲内に存在する頻度の多さと，その滞在時間の長さを表わすパラメータ．

P：人がその災害の発生，もしくは災害による危険範囲による暴露を避けることができる度合を示すパラメータ．

W：現状の防護システムによりその災害の発生を防ぐことができる度合を示すパラメータ．

例えば，F は危険範囲内にオペレータが滞在する頻度が多かったり，また滞在する時間が長いかを考慮に入れる．P は危険域が急激に大きくなるもの（例えば爆発など）や危険の認識が困難なもの（例えば毒ガスの拡散），または避難路の設置具合などを考慮するためのパラメータである．W は検討対象システムにおける自己実績や他の防護システムにより望ましくない結果が防がれているかを考慮するものである．例えば，防油堤が設置されていることで油の漏えいが局所的に押さえられるなどである．

各パラメータの重みや区分けはケースバイケースで決められるものがあるが，図 3.9，表 3.7 に IEC 61508-5 Annex 5 で例示されているものを示す．図 3.9，表 3.7 で示されるリスクグラフを用いることで，追加すべき E/E/PE の SIL の決定が可能となる．

なお，IEC 61508 ではシステムのリスクの低減は安全関連システム全体によって達成されるものであり，E/E/PE はリスク低減策の一部と位置づけられていることを再度認識しておく必要があると考える．

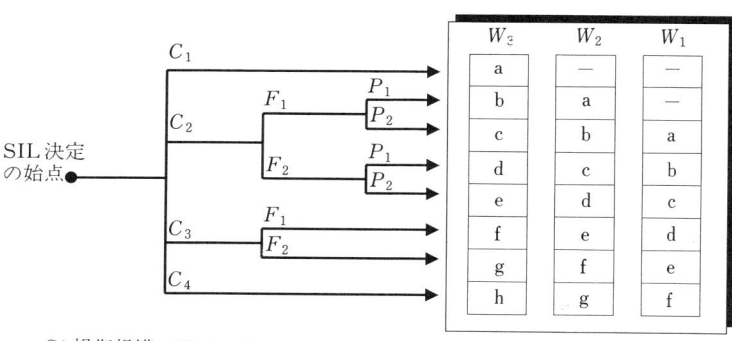

W_3	W_2	W_1
a	—	—
b	a	—
c	b	a
d	c	b
e	d	c
f	e	d
g	f	e
h	g	f

C：損傷規模パラメータ
F：暴露度パラメータ（頻度および時間）
P：危険回避パラメータ
W：災害発生度パラメータ

リスク低減策	SIL
—	安全度要求なし
a	特に安全度要求なし
b, c	1
d	2
e, f	3
g	4
h	E/E/PE 単体では不十分

図 3.9　リスクグラフの一例

表 3.7 各パラメータの定義の一例

パラメータ分類	度合	定義
損傷規模 C	C_1 C_2 C_3 C_4	軽傷のみ 1名以上の重傷または1名の死亡 複数名の死亡 非常に多数名の死亡
暴露度 F	F_1 F_2	危険区域における滞在が希,もしくはしばしば 危険区域における滞在がより頻繁,もしくは常時
危険回避度 P	P_1 P_2	一定条件で回避可能 ほとんど回避不能
災害発生 W	W_1 W_2 W_3	発生率が非常に低い 発生率が低い 発生率が比較的高い

3.7 ソフトウェアの安全要求

IEC 61508 では,安全システム全体の安全要求を概念設計から破棄に至るシステムライフサイクルにわたり分解している.そこでは,E/E/PES のハードウェアのみならず,ソフトウェアにおいても安全要求がなされている.

ここでは,E/E/PES のソフトウェア(以下ソフトウェア)の設計,製作時(realization phase)での安全要求について紹介する.realization phase におけるソフトウェアの安全要求の全体の流れを図 3.10[†] に示す.図 3.10 に示すように,ソフトウェアには以下の各 6 段階において安全要求がされている.

① ソフトウェアの安全要求仕様決定段階
② ソフトウェアの認定計画作成段階
③ ソフトウェアの設計,開発段階
④ PE の統合(ハードとソフト)段階

[†] 図 3.10 は IEC 61508-3, version 10.0 の Figure 3 を和訳したものである.図中の BOX 番号は IEC 61508 との整合性を図るために,原図のままとした.

第3章 安全装置の設計上の諸概念

```
┌─────────────────────────────────────────────┐
│ ソフトウェアの安全ライフサイクル                          │
│                                             │
│         ┌─────────────────────┐             │
│         │ 9.1 ソフトウェア安全要求仕様 │             │
│         │     の決定               │             │
│         │ 9.1.1 安全機能要求   9.1.2 安全度要求 │       │
│         │      仕様            仕様        │       │
│         └─────────────────────┘             │
│                                             │
│  ┌──────────┐      ┌──────────┐             │
│  │9.2 ソフトウェア安全│  │9.3 ソフトウェア │           │
│  │ 認定計画      │  │  設計，開発 │           │
│  └──────────┘      └──────────┘             │
│                    ┌──────────┐ ┌──────────┐│
│                    │9.4 PE統合(ハード/ソフト)│ │9.5 ソフトウェアの運用と修││
│                    └──────────┘ │  正手順    ││
│                                 └──────────┘│
│                    ┌──────────┐             │
│                    │9.6 ソフトウェア安全│       │
│                    │   認定    │             │
│                    └──────────┘             │
│             全システム安全ライフサイクル 全システム安    │
│             図のBox 12へ        全ライフサイク  │
│                                ル図のBox14へ │
└─────────────────────────────────────────────┘
```

E/E/PES 安全ライフサイクル ⇄

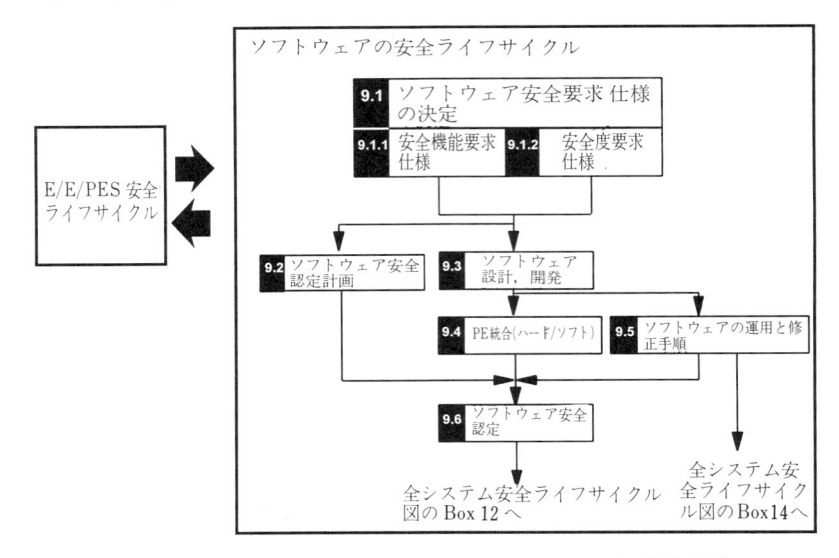

図3.10 ソフトウェアの安全ライフサイクル（設計・製作段階）

⑤ ソフトウェアの運用，修正段階
⑥ ソフトウェアの認定段階

　各段階においてどのような安全要求がなされているかを以下に簡単に紹介する．

（1）ソフトウェアの安全要求仕様決定段階

　ここでは，ソフトウェアの安全機能要求（safety function requirements）およびソフトウェアの安全度要求（safety integrity requirements）を決定することが求められている．安全機能とは，危険事象にシステムの安全な状態を保つための機能である．ソフトウェアの安全度要求はソフトウェア単独で決まるものではなく，ハードウェアを含めた E/E/PES 全体の SIL として決定される．これらの要求事項は設計・製造段階で確実に実装されるように十分に詳細化されなければならない．例えば，安全要求機能としては，アクチュエータやソフトウェア自身の故障の検知，警告，管理機能，オンラインテスト，オフラインテスト機能，応答時間，インターフェイスなどにつき規定する必要がある．

表3.8 ソフトウェア安全要求作成手法

手法・方法	SIL 1	SIL 2	SIL 3	SIL 4
1　コンピュータツールによる仕様決定	R	R	HR	HR
2a　準フォーマル手法	R	R	HR	HR
2b　フォーマル手法（例えば CCS, CSP, HOL, LOTOS, OBJ, temporal logic, VDM and Z）	—	R	R	HR

HR：強く推奨される，　R：推奨される，　—：特になし

　なお，この段階でどのような手法を用いるべきかをソフトウェアの要求される SIL に応じてガイドラインが示されている（表3.8）．また，本節中の表はすべて，IEC 61508 Part 3 version 10.0 中の表を要求事項の紹介用のために簡略化したものであるため，実際のソフトウェア安全要求の決定作業の際には原典を参照し，本節の表は使用しないよう留意されたい．

（2）ソフトウェアの認定計画作成段階

　認定計画作成段階では以下のことを決める必要がある．

　　　認定の実施時期，認定者，システムの運転モードの同定，各運転モードにおいて認定されるべきソフトウェアモジュールの同定，認定方法，手順，認定の参照，認定実施の環境，条件，判定条件，評価の思想と手順．

　なお，認定方法としては表3.9で示す方法が推奨されている．

表3.9 ソフトウェア安全認定手法

手法・方法	SIL 1	SIL 2	SIL 3	SIL 4
1　確率手法的テスト	—	R	R	HR
2　シミュレーション・モデル化	R	R	HR	HR
3　機能テスト，ブラックボックステスト	HR	HR	HR	HR

HR：強く推奨される，　R：推奨される，　—：特になし

（3）ソフトウェアの設計・開発段階

　ソフトウェアの設計・開発段階をソフトウェア構成，システム設計，モジュール設計，コード化の各段階に分け，それぞれの段階において検証作業が実施されることを示している．その作業の流れは V モデルと呼ばれる（図

（82）　第3章　安全装置の設計上の諸概念

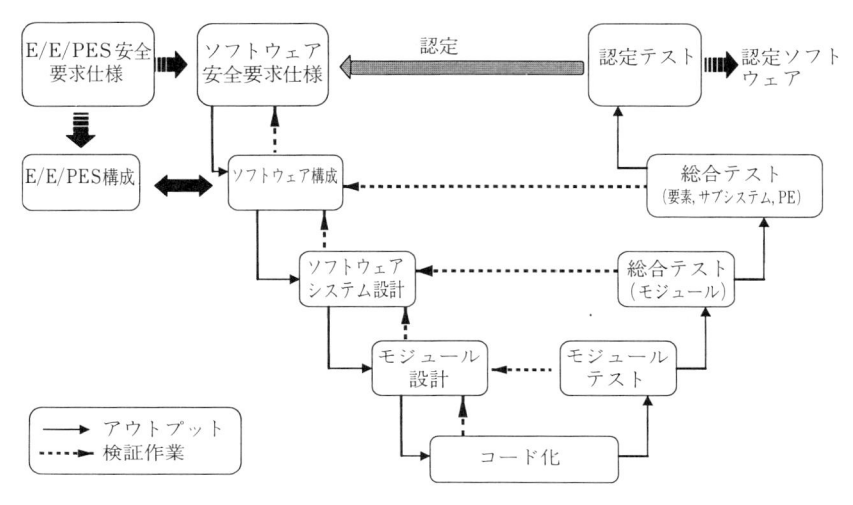

図3.11　ソフトウェア開発のライフサイクル（Vモデル）

3.11参照）．ICE 61508-3では，各段階においてソフトウェアの安全度要求に従った推奨方法・手法（使用言語，ツールを含む）が表形式で詳細に示されている．

（4）PEの統合（ハードとソフト）段階

制作されたソフトウェアをハードウェア上に実施し，PESを構成する．そのPEC全体として要求される安全度を満たすことができるかを確認する．そこで，PEの総合テストを実施する．推奨される手法・方法は，表3.10に示す．

表3.10　PE統合テスト手法

手法・方法	SIL 1	SIL 2	SIL 3	SIL 4
1 機能テスト，ブラックボックステスト	HR	HR	HR	HR
2 性能テスト	R	R	HR	HR

HR：強く推奨される，　R：推奨される

（5）ソフトウェアの運用・修正段階

完成したソフトウェアを運用，修正するには運用，修正の手順を作成しな

表3.11 修正時に実施すべき項目

手法・方法	SIL 1	SIL 2	SIL 3	SIL 4
1 インパクト解析	HR	HR	HR	HR
2 変更されたモジュールの再検証	HR	HR	HR	HR
3 影響を受けたモジュールの再検証	R	HR	HR	HR
4 システムの再認定	—	R	HR	HR
5 ソフトの構成の管理	HR	HR	HR	HR
6 データの記録と解析	HR	HR	HR	HR

HR：強く推奨される，　R：推奨される，　—：特になし

ければならない．特に，修正については注意を要する．修正は，その必要性，影響を解折し，手順書に従た要求が発生したときでなければ実施してはならない．修正に当たっては表3.11で示す手法・方法が推奨される．

(6) ソフトウェアの認定段階

ソフトウェア認定の手順は（2）項の段階で決められるもので，推奨される手法は表3.9に示した．この段階では認定結果を書類として残すことが要求されている．また，その書類には以下のことを明記するよう求められている．

> 認定作業の実施時期の履歴，使用された認定計画のバージョン，認定された安全機能とそれに対応する認定計画，使用されたツールと校正データ，認定作業の結果，期待された結果と実際との差異

以上をまとめると表3.12のようになる．このように，IEC 61508ではPESを構成するソフトウェアのライフサイクルにわたって安全要求がなされている．

3.8 最新のPES技術の現状

3.8.1 PLCの歴史

半導体技術の進歩により，1960年代に一般産業において，コンピュータ技術を駆使したシーケンス制御を簡便に取り扱う制御機器が発表された．元来，この種の外部命令型機器の長所はその汎用性にあった．すなわちプログ

第3章　安全装置の設計上の諸概念

表3.12　ソフトウェア安全ライフサイクルの概要

段階	図3.10中での BOX #	目的	対象	成果（情報）
(1) 安全要求仕様決定	9.1	安全機能および安全度の要求仕様の決定	PESソフトウェアシステム	ソフトウェアシステム安全要求仕様
(2) 認定計画作成	9.2	ソフトウェアの認定計画の作成	PESソフトウェアシステム	ソフトウェアシステム安全要求認定計画
(3) 設計, 開発	9.3	作成されたソフトウェアが完全にソフトウェア安全要求仕様を満たすようにする	PESソフトウェアシステムの構成	ソフトウェアシステム構成設計説明書 ソフトウェア全体テスト手順書 PE統合テスト仕様書 使用ツール，言語，標準
			PESソフトウェアのサブシステム	サブシステム設計仕様書 サブシステムテスト手順書とそのテスト結果 検証結果および検証されたサブシステム
			PESソフトウェアのモジュール	モジュール設計仕様書 ソースコードリスト コードリビュー報告書 モジュールテスト手順書とそのテスト結果 検証結果および検証されたモジュール
(4) PEの統合（ハードとソフト）	9.4	ハードとソフトがPEが安全要求仕様を満たすようにする	PESのハードウェアおよびソフトウェア全体	ソフトウェア全体テスト結果 PE統合テスト結果および検証されたPE
(5) 運用, 修正	9.5	運用，修正に際してもPEの安全要求が満足されるための情報および手順を示す	PESのハードウェアおよびソフトウェア全体	ソフトウェア運用，修正手順書
(6) 認定	9.6	PES全体で安全要求（機能と確度）を満たすことを確認する	PESのハードウェアおよびソフトウェア全体	ソフトウェアシステム安全要求認定結果と認定されたソフトウェア

ラムの書換えのみで各種の用途に対応することができた．そのために汎用PLCと呼ばれることになった．その後70年代に一般化し，80〜90年代を通じて機能の拡充とコスト低下への努力が続けられた．

その技術進歩の過程でPLCを安全関連系，いわゆるインターロック（緊急遮断）系の中枢に採用する試みがなされた．その背景としてシステムが巨大・複雑化すると，従来の電気リレーによるロジックソルバでは設計・製作・保守の諸点で色々問題が生じることがあった．

この点，PLCでは
① ハードウェアが標準化され，用途の多様性にはソフトの変更で対応可能
② 機器のコンパクトな外形から空間利用効率が改善される
③ 誤動作によるトリップ（緊急遮断）を低減可能

などの幾つかのメリットが期待された．

反面，新しい技術であるだけに安全関連系として使用するには，実績もなく，信頼性が保証されていないなどの点が最大の難点であった．

しかし，それらの懸念に対して幾つかの有効な解決策が採られた．すなわち

・入力ユニット側の異常に対して

　入力側センサの信号に高周波信号を重畳し，健全性を常時検査する．さらに，入力側に2 out of 3の論理回路を入れて，異常ユニットを検出する．

・ロジックソルバの異常に対して

　2台の外付けウオッチタイマを用意し，ロジックソルバの暴走とタイマ自身の異常に対応する．また，入力ユニットに高周波を重畳し，入力ユニットや入力レジスタのスタックも同時に検査する．

などの特別の工夫である．

3.8.2　安全関連制御系用のPLC

一般産業の大型化・高度化により徐々に従来型の制御系とは別個に，緊急対応の安全関連系，火災対応の防・消火系と，物理的にも論理的にも分けて設計，設置，運用することが普通になってきた．石油・石油化学，鉄鋼，電力などでは稼働率が特に重要で，信頼性理論が設計や評価に大きな成果を挙げてきた．しかし，その安全関連系への適用は遅れていたといえる．

ここで，手短に稼働率と安全性の関係，安全側故障・危険側故障について触

第3章　安全装置の設計上の諸概念

れ，これらをベースに専用PLCの歴史を当該専門メーカーの社内資料をもとに解説したい．

(1) 稼働率と安全性

より安全性を追求して，普通フェールセーフが組み込まれる．化学プラントや発電所，列車の場合，安全機能といえば停止の方向への制御を意味し，飛行機や病院の生命維持装置ではそれは運転継続の方向と解釈される．このように安全性と稼働率とは相対立する概念と考える人も多く，この論理では安全の要求は稼働率の犠牲と等価となる．

しかし，二つの価値が常に相矛盾するというのは既成の技術を前提とした考えであり，技術進歩により両者は融合することとなった．これは確率論をベースにした信号検出理論から容易に推定できる．専用PLCはこの期待に応えて開発された新しい先進的技術である．

(2) 専用PLCの登場

1974年頃，ドイツ，オランダを本拠地とした制御機器メーカー Pepperl & Fuchs 社〔現在の HSMS（Honeywell Safety Management System）社の前身〕はユーロ・リレーカードと呼ばれる電子モジュール製品を製造していた．これは，規格化された一種の電子回路基板シリーズで，その小さな寸法と整合性とによって欧州では広く使用されていた．具体的には19インチカードラックに挿入して使用するモジュールカードで，この上には数台の電気式継電器が装着され，機能や構造も標準化されていた．1985年に，同社は稼働率維持に特に関心を持った採油会社の依頼で 2 out of 3（2oo3）論理によるロジックソルバを開発し，1986年には運用を開始した．しかし，これらのシステムは幾つかの要件を充足しておらず，TÜVの認証を得るには至らなかった．当時においてもドイツ語圏を中心にした欧州では安全性に関する第3者検査機関の認定は市場性獲得の点で不可欠な要素であった．

その当時使われた認証の基準（DIN 19250 となる）は，現在の国際規格 IEC 61508 の原型である．10年を超える幾つかの開発を通して，HSMS社は汎用PLCの応用と改善のみによる安全関連制御用PLCの製作に見切りをつけ，1987年にまったく新しい構想に基づく専用PLCの開発をTÜVとの

連携のもとに開始した．商品名を FSC（フェールセーフコントローラ）と呼ぶ PES はこうして 1989 年には TÜV の認証を受け，現在では gti 社〔現在は YISS（Yokogawa Industrial Safety System）〕をはじめとする同様の製品と並んで，この種安全関連制御系のコントローラとしては世界的な評価を得ている．

　終わりに認定・認証についていえば，現在のところ IEC 61508 は発効していないので，その代替として TÜV による認定を世界的に通用する認証として使用している．この場合，TÜV Class 5 and/ or 6 への認定が IEC の SIL 3 に相当するとされている．米国の UL もこうした安全関連制御系の認証を始めたようである．現在では，ISO 9000 による品質システムと同様にどこの団体が認証業務を始めるか，注目されている．

（3）構造上の二つの流れ

　現在までに TÜV の認証を受け，安全関連制御系 PLC，すなわち PES として市場に販売されている機器には構造上二つの大きな流れがある．すなわち，1 台の中央演算ユニットのみで PES としての安全要件を充足して TÜV の認証を受ける方式，その上で必要に応じて二つの PES を並列/直列，あるいは 3 台を 2 直 3 並列に接続し，より高い稼働率や安全性を目指す方式である．その具体例は HSMS 社の FSC，Moore Products 社の Quadlog，Paul Hildebrandt 社の HIMA H-50，ABB 社の Safeguard 400 などがこれに該当する．

　IEC 61508 ではこの構造を $1oo1$ アーキテクチャと呼び，2 並列にしたものを $1oo2$ D，あるいは $1oo2$ アーキテクチャと呼んでいる．2 並列構造がより一般的に使われている．

　一方，3 セットの演算ユニットを内蔵するものの，必ず $2oo3$ 構成で使用して個別には使用はしない PES があり，その代表は Triconex 社の TRICON，ICS 社の Regent，August System 社の CS 300 などである．上と同様に，これらは $2oo3$ アーキテクチャと呼ばれるか，別名 Triple Modulated Redundant（TMR 構造）とも呼ばれる．

（4）自己診断技術

　すべての PES に共通する重要な技術として自己診断機能がある．PLC を安全関連系に応用する上で最後まで障害になったのは故障発見の困難さと，危険側故障の伝搬を安全側故障へと転換することの難しさであった．しかし，このことは最終的には膨大な演算処理能力を活かした自己診断技術によって解決された．現在の視点では，逆に電気機械式継電器によるハードワイヤードロジックの方が自己診断機能を欠いており，この点で PLC より劣った技術であるとみなされている．この常識の逆転には目を見張るものがある．

　この自己診断機能の貢献により，異常箇所を PES そのものが教えてくれ，機器の電源を切らずに運転中に大半の部品をユニット単位で交換することも可能となった．さらに，ソフトウェアの変更は設計ツールが変更記録の作成も含めて自動的に支援するまでに進化している．この長所はシステムの稼働率向上に相当寄与している．

　このような診断性を活かして，通信回線でメーカーのサポートセンターとプラントで稼働中の PES を常時接続し，安全関連系の異常やその対応支援サービスを行なう会社も出てきている．このような傾向は，安全計装技術が一種の分散化路線に突入したことを示すものであり，将来は「超分散化が一層進行」して，現在の姿からはまったく想像できない PLC，DCS を核とする安全技術に変貌することも考えられる．

3.8.3　現場サイドから

（1）センサの信頼度

　安全関連系の SIL を上げるにはロジックソルバのみならず，初めと終端，すなわちセンサとアクチュエータ（操作端）の信頼度を高めなければならない．例えば，圧力スイッチに比べると圧力発信器は待機中も信号を出し続けていて機器異常が発見しやすい．信頼性を高めるため，安全系への圧力スイッチ入力は原則的に禁止するユーザーも多い．さらに DCS 上で信号を比較することを要求されることもある．これにより信頼性は1桁上がるといわれている．このようにセンサをその信頼性の見地から見直す必要がある．

（2）操作端の信頼度

操作端，あるいはコントロール要素は可働部分を持つために信頼性は一般に劣る．センサと異なり冗長構造も採りにくい．しかし弁に限れば，適切な保守を前提として2直列も可能であり，この場合1桁以上の信頼性改善になる．弁の場合，不安全（危険）側故障が圧倒的に多く，保守・検査による異常発見が重要になる．

また弁を並列に配置してバイパスではなく，弁を駆動する動力（空気，油圧など）系の電磁弁をバイパスする特殊な鍵付きコックを使用する方法，あるいは遮断弁についていえばテスト機構付きのアクチュエータを使用して作動中検査を可能にするなどの方法がある．このような部分的なテストで1桁の信頼性改善が可能といわれている．このような工夫があったとしても，弁関連機器に関してはSIL 3 → SIL 4への信頼性設計はかなり難しい．

（3）PEデバイスの信頼度

現在まで，TÜVにて認定された安全関連制御系用PESはすべてSIL 3（PFD：0.001〜0.0001）を上限として守備範囲を定めている．SIL 4（PFD：＜ 0.0001）はまず無理といわれている．その理由は本質的にPESはフェールセーフではなく，自己診断技術の有効性にもかかわらずプログラム自身の信頼性に疑問が残るからである．

SIL 4を狙うには特殊なE/E系（電気/電子系）を採用するか，まったく異なるメーカーのPESと多重化して独立性を高め，システムエラーを避ける配慮が必要になる．特に，この水準では色々のレベルで入ってくる共通原因故障などをどのように回避するかが特別の課題になる．

付録 A　重要な設計パラメータ

A−1　用語と記号

緊急遮断などの安全機能を実現する安全関連系のハードウェアでは多くの信頼性パラメータがその安全度水準に影響を与える．ISAのSP-84.01の付録には，設計時に検討を要する項目として以下を挙げている．すなわち，冗長性，故障率と故障モード，自己診断率（DC），共通原因故障（CCF），診断

テスト間隔（proof test interval）とテスト時間，そして最後に新たに安全側故障比率（SFF）である．

とりわけ，所定の SIL を満足する安全計装の設計には

① 各作動要求モードに応じた安全関連系の応答の失敗確率（PFD）
② 冗長性を作り出すハードウェアの冗長構造（アーキテクチャ）

などを決めていかなければならないが，その計算の前提として，安全関連系の故障モード解析や自己診断率，あるいは MTBF（Mean Time Between Failures）〔または MTTR（Mean Time to Repair）〕の値が必要になる．ここでは，各項目について簡単に解説する．

A-2 影響を考慮した故障形態の分類

安全関連系の応答信頼性では，その構成素子の故障形態と故障率との二つが問題となる．とりわけその故障データの収集と集積において，素子（あるいはモジュール）の故障モード，すなわち EUC にとって安全側か危険側かが特に問題になる．その後，故障データ源の正当性や応用性がこれに続く．

まず，部品やサブシステムの故障は

① 低作動要求モードの場合，それがプラントを危険側へ導くか，あるいは安全側かで，二つに分けられる．さらに，その故障の生起が検査や診断テストで検出可能か，あるいは否かの二つがある．後者の場合は安全装置の故障は危険事象に伴う作動要求を待ってはじめて確認される．潜在／顕在の区分けは要素によっては定義がやや曖昧と考えられる．

② 連続作動要求モード型の場合，事情はまったく違ってくる．故障形態の影響は冗長の深さによって大きく異なる．このモードは化学プラントの安全関連系ではあまり使われないので詳細な議論は割愛する．

それぞれに応じて次の故障率が定義される．

- λ_D：作動要求時に危険側故障が起きている確率

  これは次の二つよりなる．

    λ_{DD}：診断テストで検出しうる危険側故障の確率
    λ_{DU}：診断テストで検出しえない危険側故障の確率
- λ_S：作動要求時に安全側故障が起きている確率

表3.13 故障モードの具体例（単位：%）

項目	潜在的危険側	潜在的安全側	顕在的危険側	顕在的安全側
センサ	30.0	20.0	30.0	20.0
終端要素	30.0	20.0	30.0	20.0
主プロセッサ	10.0	5.0	40.0	45.0
アナログ入力モジュール	37.5	25.0	12.5	25.0
アナログ出力モジュール	37.5	25.0	12.5	25.0
ディジタル入力モジュール	37.5	25.0	12.5	25.0
ディジタル出力モジュール	37.5	25.0	12.5	25.0
I/Oプロセッサ	12.5	7.5	37.5	42.5
I/O回路	37.5	25.0	12.5	25.0
電源	0.0	5.0	0.0	95.0
ウオッチドッグタイマ	6.0	14.0	24.0	56.0
制御リレー	25.0	0.0	0.0	75.0

なお，実際にある系の故障形態を評価した数値例を表3.13に示す．

A-3 自己診断率（DC）と安全側故障比率（SFF）

以上述べたように，安全関連系の信頼性は素子の故障率のみならず診断テストの頻度，換言すれば診断テストの時間間隔に依存している．近年，このテストの自動化を可能にした安全関連系専用のPLCが製造されるに及び，その診断機能を評価する指標が必要になった．これが自己診断率（DC）や安全側故障比率（SFF：Safe Failure Fraction）であり，IEC 61508やSP-84.01ではSIL算定の設計パラメータとして使われる．これは以下のように定義される．

$$DC = \Sigma \lambda_{DD} / \Sigma \lambda_{Total}$$

$$SSF = [\Sigma \lambda_S + \Sigma \lambda_{DD}] / \Sigma \lambda_{Total}$$

ここで，λ_{Total} は危険側故障の確率の総和で，以下の式で計算される．

$$\Sigma \lambda_{Total} = \Sigma \lambda_S + \Sigma \lambda_D$$

個別の素子，あるいはモジュールの故障がEUCを安全側へ導くか，危険側へ導くかは安全関連系のフォールトトレランスに依存している．具体的な計算例は同規格の解説付録を参照されたい．

A-4 サブシステムの分類（タイプA，タイプB）

この規格では，工作機械などで長期間使用実績のある部品に対する信頼性

の立証負担を軽減する特別の処置が規定されている．そのため，サブシステムをそのハードウェアの故障特性に従ってタイプ A，タイプ B の二つに分ける．

タイプ A とは
① すべての構成部品の故障モードが明瞭に定義されており，
② そのサブシステムの故障状況の挙動が完全に決定可能であり，
③ 現場使用経験に関連して，サブシステムが必要な想定した故障に適合しているか否かを示しうる十分な数の相互依存性故障データ数が存在することである．

タイプ A では，従来の工作機械の安全装置に使用される電磁リレー，センサモジュールなどの比較的構造が単純な要素が該当する．

タイプ B のサブシステムとは，反対に上記の ①〜③ の条件を満足しないサブシステムをいう．

タイプ B では，近年化学プラントの緊急遮断装置で使用されるロジックソルバなど演算機能付き電子系要素などが該当する．

付録 B　単純な安全関連系の安全機能（古典理論）

B-1　単一チャンネルトリップ装置[2]

ここでは，危険性のあるプラント設備を緊急防護（インターロック）するための単一トリップ系の信頼性と，危険の低減量について定量的に当たる．はじめに表 3.14 に用語とその記号とを定義する．

具体的に，ある装置を防護す電気/電子/プログラム可能電子系の安全関連系の中で，構造が最も簡単なセンサ，スイッチ，電磁弁などによりなる冗長系モデルを考える（図 3.12）．従来，このような安全関連系はトリップ装置と呼称されてきた．この冗長系としての防護装置安全関連系の特質は，防護されるプラント（EUC）の動作から独立していることであり，そのため待機中に劣化〜故障してもシステム（または運転員など）からは検出されない．そこで，その機能の信頼性評価のために次の条件を付加する．

① 潜在故障（電磁リレーのような場合）は，診断テスト（検査）によって

付録B 単純な安全関連系の安全機能（古典理論）

表3.14 用語と記号の定義

用語	対応英語	記号	説明
プラント危険率	plant hazard rate（year^{-1}）	η	プラント状態が臨界点を超えて危険な領域に入る単位時間当たりの確率
ディマンド率	demand rate（year^{-1}）	δ	プラント側よりSRSへ出される作動要求の時間割合
プルーフ試験間隔	proof test interval（year）	τ_p	SRSの故障を検査する作動試験の時間間隔
不動作時間率	Fractional deadtime（FDT）（無次元）	ϕ	SRSが所定の時間間隔で故障によって不動作となる時間割合（unavailability）

はじめて発見されるものとする．

② 発見された故障は直ちに修復される．

③ この安全関連系の総合的信頼度を $R(t)$ とし，故障率 λ の指数分布に従うものと仮定する．

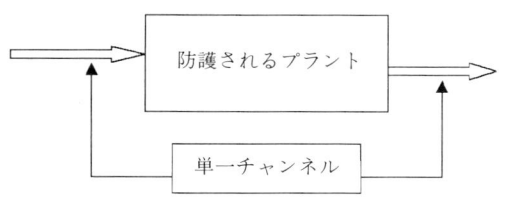

図3.12 構造が最も単純な安全関連系の例

まず診断テスト間隔 $[0, \tau_p]$ 内において，プラント暴走などの危険性が現実化する平均的確率 P_{runaway} は，プラント危険率 η と時間幅 τ_p の積として定義される．

$$P_{\text{runaway}} = 1 - \exp(-\eta\tau_p) \fallingdotseq \eta\tau_p \tag{1}$$

ただし，$\eta\tau_p \ll 1$ とする．

この安全関連系の統合的な信頼度を $R(t)$ とすれば，この時不信頼度 $F(t)$ は $F(t) = 1 - R(t)$ であるので

$$F(t) = 1 - \exp(-\lambda t) \tag{2}$$

$F(t)$ は，トリップ機能の準備（preparedness）の悪さを表わす．

なお，これを不動作時間率（FDT）ϕ で表わせば

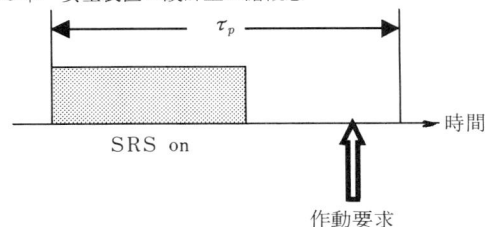

図 3.13 作動要求発生時に安全関連系が有効に動作しない例

$$\phi = (1/\tau_p) \int F(t)\, dt \tag{3}$$

となる.

トリップが正常であれば，プラント防護は行なわれ潜在危険は現実化しない．危険に突入するのは作動要求発生時に安全関連系が故障状態にある（図 3.13）ことなので，この時間幅でのその確率 q は

$$q = F(t) = 1 - \exp(-\lambda \tau_p) \fallingdotseq \lambda \tau_p \tag{4}$$

ただし，$\lambda \tau_p \ll 1$ とし，故障は自然劣化のみを考える.

また，安全関連系故障後の時間幅 $[0, \tau_p/2]$ の間に，運悪くプラント側より作動要求が発生する確率 P_δ は

$$P_\delta = 1 - \exp(-\delta \tau_p/2) \fallingdotseq \delta \tau_p/2 \tag{5}$$

ただし，$\delta \tau_p/2 \ll 1$ とする.

これらの式で微小項の条件が満足されるとき，上の式で

$$P_{\text{runaway}} = qP_\delta \quad \therefore \quad \eta = \delta(\lambda \tau_p/2) \tag{6}$$

したがって，安全関連系の ϕ の近似値は $\lambda \tau_p/2$ となり，プラント危険性は診断テスト間隔に依存する．なお，厳密評価式については原典を参照されたし.

具体的な数値例として $\lambda = 10^{-4}/\text{h}$, $\delta = 1/\text{year}$, $\tau_p = 1\,\text{year}$ の場合は $\eta = 0.4/\text{year}$ となり，プラントハザード率は10年に4回の割合となる.

上の例は最も簡単なモデルであって，冗長度を増すとさらに複雑になる．幾つかの多重系において定量的に計算した研究を要約して紹介しよう.

B-2 双チャンネル系[3]

ここで，二つのチャンネルを並列に接続した安全関連系の安全度を評価する．この双チャンネル系は，作動要求時に故障が検出される素子に対して，その修理時間を考慮しない場合について研究例を紹介する．

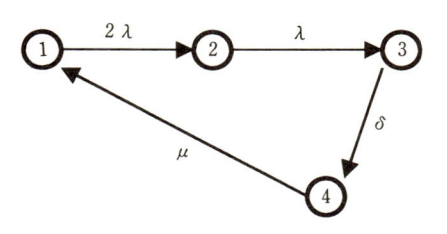

図3.14 双チャンネル安全関連系のマルコフモデルの模式図（モデルI，λ：故障率，μ：修理率，δ：作動要求率）

モデルの想定

作動要求時に検出される二つの単チャンネルの故障修理時間は無視できる程度とする．これらの素子の状態において，安全関連系には次の4状態がある．

状態1：両方のチャンネルは両方ともupしている．
状態2：片方のチャンネルがupし，残りの一方がdown，しかし故障に気づいていない（修理に掛かっていない）．
状態3：両方のチャンネルがdown，しかし故障に気づいていない．
状態4：両方のチャンネルの故障が作動要求時に発見されたが，修理中．

このマルコフモデルの状態遷移図を書くと，図3.14のようになる．

この図より次の微分方程式を得る．

$$dP_1(t)/dt = -2\lambda P_1(t) + \mu P_4(t)$$
$$dP_2(t)/dt = 2\lambda P_1(t) - \lambda P_2(t)$$
$$dP_3(t)/dt = \lambda P_2(t) - \delta P_3(t)$$
$$dP_4(t)/dt = \delta P_3(t) - \mu P_4(t)$$

ここで，$P_i(t)$，$i=1\sim4$ は時間 t における状態 i でのシステム確率を表わす．

μ はチャンネルの修理率である．さらに，瞬時的なプラント危険率を

$$\eta(t) = \delta[P_3(t) + P_4(t)]$$

と定義すれば，年間の期待値は

$$\eta = (\delta/\tau_p)\int \eta(t)dt$$

第3章 安全装置の設計上の諸概念

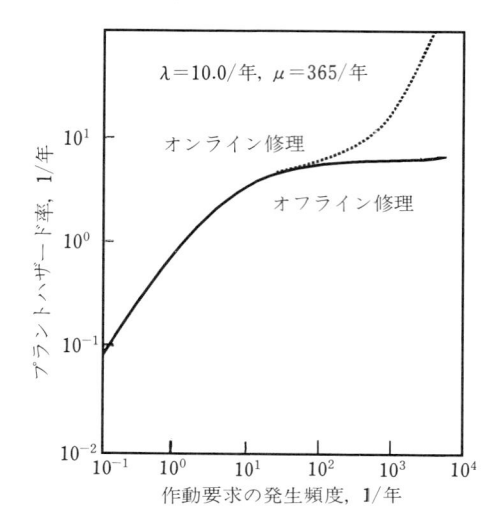

図3.15 作動要求の頻度に応じたプラントハザードの計算結果（モデルⅠ）

となる．無理をすれば数値計算は可能で，その結果を図3.15に示す．

ほかにも冗長構成の変形が多数あり，それに応じて解析のためのマルコフモデルは異なってくる．代表的な構成についての計算公式は第2章に挙げてあるが，これに工学的な経験を加えた数値表がIECの別表である．

参考文献

1) 清水久二：設備安全工学，掌華房．
2) F. P. Lees : "A general relation for the reliability of a single-channel trip system", Reliability Engineering, **3** (1982) pp. 1-12.
3) L. F. Oliveira et al. : "Hazard rate of a plant equipment with a two-channel protective system subject to a high demand rate", Reliability Engineering and System Safety, **28** (1990) pp. 35-58.

第4章　安全確保の考え方とその国際的規範

4.1　はじめに

　機械を使用する作業は，産業活動に限らず日常生活や災害救難活動など，あらゆる社会生活の分野で広く行なわれている．これらの機械作業において，安全問題は機械の出現に伴って古くから発生しており，近年の機械設備の大型化，高速化，複雑化とともにさらに大きな社会問題にもなってきている．

　機械作業における要素の主体は「機械」とそれを使用する「人間」であるとされてきた．そして従来，動力により作動する機械は，そもそも本質的に危険であることを前提として，人間が注意しながら危険な機械を使用することが当然であるとする，主として人間が担当する安全対策が提唱され展開されてきた．

　しかしながら，大きな社会問題ともなってきた機械作業の安全問題の解決法について，近年の欧米や国内の安全技術に関わる諸機関における基本的な検討によって，その担当を人間が担う前に機械が可能な限り担当するべきであることが提唱され，その考え方に基づいた安全技術の国際標準化も進められている．

　本章では，機械作業における安全問題への担当は可能な限り機械が担うという考え方に基づき，4.2節で機械の危険な作動に人間が接触することにより発生する災害防止のための技術に関する基本的考え方と防護技術についての国際規格などの解説，4.3節で機械の安全制御の基本と安全確認型インターロックの解説，および4.4節でコンピュータ技術の機械安全への適用に関する方法論とその国際規格について解説し，機械設備の安全技術を適用するための技術に関する基本的情報を提供する．

4.2 機械の安全防護技術

4.2.1 機械安全の基本

一般に「災害とは,有害な(人間が許容できる限界を超えた)エネルギーが人間に及ぶことである」と考えることができる.地震や火山の噴火,台風,雷あるいは宇宙からの隕石の落下など,人間の知恵や力によって防ぐことのできない,あるいは極めて困難である自然の有害なエネルギー放出によって発生する災害に対しては,人間は,それらの自然の有害なエネルギーの放出をできるだけ未然に予知し,それから回避することによって安全を求めようとする.

一方,人間の作り出した機械から出力される有害なエネルギーとの接触により発生する機械災害に対しては,人間自らが製造する機械に安全な状態の予測確認ができたときのみエネルギーを出力するエネルギー制御の構造を盛り込むことにより人間の安全を確保できるはずである.すなわち,自然災害の防止対策と機械災害の防止対策とは別のものとして検討を行なうことが必要であり,現実に適用する場合には,両者を総合的に適用すればよい.

そこで,本節では,機械災害(機械の運転により発生するエネルギーが人間に及ぶことで生ずる災害)の防止対策を対象として考えることとする.機械システムは,運転停止により安全状態が得られるシステムと,運転停止により安全状態が得られないシステムとに大別することができる.地上に設置されるほとんどの機械システムでは,運転停止は安全状態を確保することができるものであり,前者に属する停止安全を有するシステムである.一方,飛行中の航空機は,その運転停止は墜落することになり,また,心臓疾患者用のペースメーカも,その運転停止は心臓疾患者の死につながることとなり,安全を確保することはできないものであり,これらは後者に属する停止安全を有しないシステムである(ただし,地上に着陸している状態の航空機は停止安全を有するシステムである).すなわち,一般の機械システムは前者の停止安全を有するシステムであり,このような機械システムを本節の対象として考える.

(1) 安全に関する考え方

「安全」とはどういう意味なのか，あらためて考えてみると明確に定義することは難しいようである．ちなみに，広辞苑（岩波書店）で，「安全」を引いてみると"① 安らかで危険のないこと，② 物事が損傷したり，危害を受けたりする恐れのないこと"と書かれている．

この広辞苑を読んで，"① 安らかで危険のないこと"すなわち，"安全とは，災害など人に危険が及ぶことが起きていない状態であること"といえるが，これでは「安全」の正しい理解とはいえない．なぜなら，今"災害など人に危害が及ぶことが起きていない状態"であっても，いつ災害などが発生するかわからない状態は「安全」とはいえない「不安」な状態であるからである．したがって，"災害など人に○○の危害が及ぶことが起きていない状態を確保する裏づけの対策手段を作り込んで，はじめて○○の災害や○○の危害に対して「安全」である"ということができると思われる．

このことを整理してみると，
- 単に災害が発生していない状態を「安全である」とはいえない，
- 何もしないままの安全はなく，「安全は作るもの」であり，
- 具体的な危険に対して，その危険による災害が発生しないための裏づけとなる安全手段を作ってはじめて「その危険に対して安全である」ということになる．

しかしながら，これで本当に「その対象とする危険に対して安全である」と認識してよいのであろうか．災害が発生しないようにするために作り込んだ安全手段も，必ず何時かは故障や経時変化などにより不具合を生ずる．このような場合であっても，人に危害が及ぶことは回避しなければならない．すなわち，広辞苑の"② 物事が損傷したり，危害を受けたりする恐れのないこと"が要求されることになる．

そのためには，
- 具体的な危険に対して，その危険による災害が発生しないための裏づけとなる安全手段を作り，その安全手段が有効（正常）であることの確認を伴ってはじめて「その危険に対して安全である」

といえることになる.

すなわち,具体的な危険により発生する災害をあらかじめ発生しないように対策を組み入れることでその危険に対する安全を確保しようとする場合,その組み入れた対策が目的の機能を果たすことができること(安全対策の正常性)を確認することが必要である.

(2) 機械災害防止のための四つの要件

さて,上に述べてきた安全に関する考え方に基づいて機械災害の防止のための要件を整理すると,以下のようになる.

① 危険源を明確に認識すること

機械による災害を防止する技術的対策を作る対象が明確でなければ何に対して対策をすればよいのかがわからないこととなるので,機械災害の源となる危険源が具体的に認識されていることがまず必要となる.

② その危険源を回避する方法がわかっていること

危険源が明確になっても,それを回避する方法がわからなければ危険源を回避することはできない.したがって,危険源回避のシステムの構成が明確である(論理的に正しい)ことが必要となる.

③ その危険源回避のシステムを実現するための手段があるか,または作れること

危険源が明確になり,その回避方法がわかっていても,その回避方法を実施するための手段が実在しなければ,その回避方法はただの空論にすぎない.危険源の回避を行なうための安全防護に適用する具体的手段が既に存在するか,または,作ることが技術的に可能であることが必要となる.

④ 実現された危険源回避のシステムが正常に機能していることの確認ができること

安全防護に適用するための手段が存在し,危険源回避システムが構成できたとしても,それらの構成要素もいつ故障などの異常を生じるかも知れない.したがって,危険源回避システムが正常であることを確認する(安全確認)手段を備えることが必要であり,危険源回避システムの正常性が確認できない場合には,必ず機械の危険な機能を自動的に停止するようなシステム

構成にしなければならない.

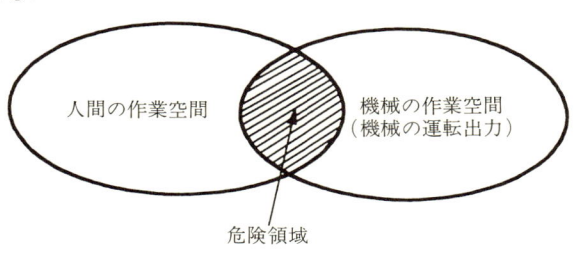

(3) 機械災害の発生メカニズム

災害は，有害なエネルギーが作業者に到達することであるから，機械とそれを扱って作業を行なう作業者との関係を人間-機械系として考えると，一般に機械による災害は，機械の運転によって出力されるエネルギー（可動部の作動や高圧水・レーザ光などの放出など）が人間に到達することによって発生することとなる．

機械の運転によって出力されるエネルギーは，例えばプレスのスライドのストロークの空間のように機械の作業空間を占める．一方，人間もプレス作業における加工物の送給・取出しや起動操作などの作業を行なうための空間のように人間の作業空間を占める．そして，この両者の空間が重なりを持つ場合には，図4.1に示すようなモデルで表わすことができる．

この図4.1では，機械の作業空間と人間の作業空間との重なった空間を危険領域と呼ぶこととする．図4.1を見ればわかるように，人間が機械を使用して行なう作業においては，「人間と機械の運転出力（可動部や放出エネルギー）が同一空間内に同時に存在する場合に，機械の可動部などに人間が接触すると人間は災害を受ける」こととなる．この条件が機械災害の発生のメカニズムということになる．

(4) 機械災害の防止の基本

機械災害の発生を防止するためには，機械災害の発生メカニズムを成立させる条件が成り立たないようにすればよいわけであり，そこで，機械災害の防止の基本は，上に述べた災害の発生メカニズムの条件が成立しないようにすることとなる．

図4.1 機械災害の発生メカニズム

人間と機械の運転出力が同一空間内に同時に存在しない場合には，人間が機械の可動部などに接触することはないので，人間は機械による災害を受け

ることはなく人間の安全が確保される．すなわち，人間と機械の運転出力とを空間的に分離する（人間の作業空間と機械の作業空間とを完全に隔離し，危険領域を持たない）ことが，あるいは危険領域内で人間が作業を行なうときには機械が停止することが機械災害の防止の条件である．

いい換えると，人間と機械の運転出力との空間的分離（隔離の原則）または時間的分離（停止の原則）を実現する構造を作ること，そしてその構造がいつも正常状態にあるか確かめることができることが人間-機械系における安全確保の基本である．

このような機械災害の防止の基本を実現するやり方として，下記の方法が考えられる．

① 隔離の原則：ガードによる安全防護

機械の作業空間と人間の作業空間とを構造的に隔離することにより人間の安全を確保する手段がガードであり，その構造によって，ケーシング，覆い，スクリーン，扉，包囲ガードなどの名称で呼ばれる．

この場合のガードは，防護壁のように開口部を持たない遮蔽物とするか，または接触危険性に対する場合の防護囲いや柵のように開口部を持つ障壁による場合には，開口寸法に応じた身体の部分の到達可能な距離の分を見込んだ安全距離の位置に設置しなければならない．なお，遮蔽物や障壁の強度，剛性および耐久性などは，対象とする機械の寿命に対し充分であることが前提とされる．

② 停止の原則：安全装置による安全防護

機械設備に適切なガードを備えることにより，機械の運転状態と人間を空間的に分離することが基本的にできたとしても，現実には，段取り・調整・教示・点検・修理などの作業を行なうために，ガードの内部に作業者が立ち入る必要がでてくる．また無人搬送車など，自走型の自動機械のようにガードの設置ができない場合がある．

このように，機械の作業空間と人間の作業空間との重なり（危険領域）を持つ場合に，人間と機械の運転出力とのどちらか一方が交互に時間的に存在しない状態（停止安全）をインターロックで構成するための手段が安全装置

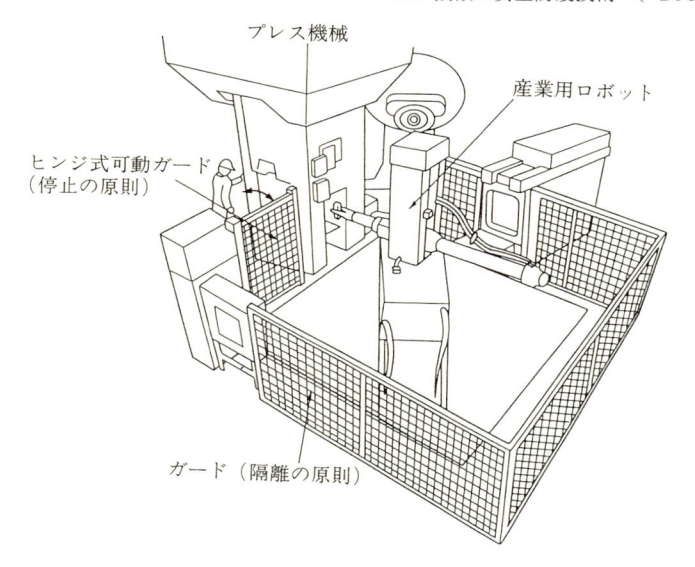

図4.2 産業ロボットのガードとヒンジ式可動ガードによる安全防護の例

である．なお，設置式の機械の場合では，安全装置によって防護されている開口部以外からは進入できない構造をガード（柵や囲いなど）の設置などによって実現されていることが前提となる．

図4.2は，産業用ロボットと作業者との接触による災害を防止するための安全防護の例を示したものである．この安全防護の例では，人間が乗り越えて産業用ロボットの可動範囲に到達できないガードを周囲に設置することにより　①の隔離の原則を実現し，ティーチングや保全作業のために産業用ロボットの可動範囲に立ち入る場合に対しては，開いた場合には自動運転の動力を遮断し，産業用ロボットを完全に停止させるインターロックのためのヒンジ式安全スイッチを備えた可動ガード（扉）を設置することで②の停止の原則を実現している．

4.2.2　機械安全に関する標準化

前節の機械安全の基本では，「安全に関する考え方」から始まり，「機械災害の発生メカニズム」の分析，そして安全技術の観点から「機械災害の防止

の基本」について述べてきたが，これらの安全技術を実際に機械の設計に盛り込むための標準化が進められている．

ここでは，前節で述べてきた機械安全の基本に関連する機械安全に関する国際標準化の要点について解説する．

(1) 機械安全の原則と国際標準化

安全に係わる国際規格を作成するためのガイドライン ISO/IEC ガイド 51[1]によれば，まず「安全」は，受け入れることのできないリスクからの解放（freedom from unacceptable risk）」と定義されている．安全を考えるとき危険性の正しい認識が何よりも重要である．

また，機械安全の基本規格 ISO/CD 12100（機械の安全性—設計のための一般原則）[2]によると，リスクは，「危険状態において起こり得る傷害または健康障害の確率と重大さの組合せ」と定義されている．ただし，ここの「危険状態」とは危険源に人間が曝されることである．上記の定義で，リスクは確率に支配される曖昧な概念であるために，リスク低減を図る安全防護対策の要求も中身が曖昧であるとみなされてしまう．しかし，それは大変な誤解である．安全は，単に「事故を起こさない」という意味だけでなく，機械の側の責任で行なう安全の公的保証を意味する．したがって，国際規格 ISO/CD 12100 などの基本安全規格では，誰もが認める安全保証の手続き（安全立証）を規定し，安全防護対策は，この手続きに従ってその有効性が立証できる方法（構造）で実現するよう求めているのである．

図 4.3 は，上記の ISO/IEC ガイド 51 および ISO/CD 12100 で述べられている機械の安全対策の一般的な手順を示している．安全をリスクという指標で扱う場合，リスク評価（確率論）は最初の段階における問題提起である．これに対して，問題の解決は別の人（機械の設計者）であり，これらは互いに独立した関係が確保されなければならならい．すなわち，問題提起と問題解決のなれ合いを徹底的に排除しようとしている．これは，システムの安全性が「安全である」の判断に対する正しい説明（上述の安全立証）を要求するためであり，安全の基本的な原理・原則はその要求に応えるための基礎を与える．

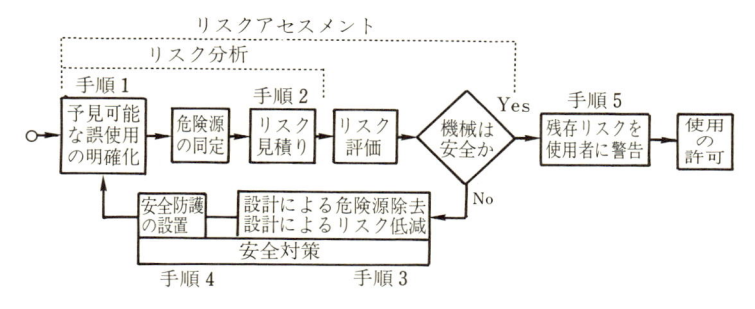

図4.3　リスクアセスメントと安全対策の手順（ISO / IEC ガイド 51 および ISO / CD 12100 に基づき作図）

① リスクアセスメント

図4.3に示した機械の安全設計のプロセスでまず行なわなければならないのは，リスクアセスメントである．上述のように，危険性（リスク）の追求を軽視すれば要求される安全性レベルは低いものとなる．リスクアセスメントは，次に示すようにリスク低減のための安全設計手順の中で最も重要な役割を果たしているのである．

手順1：機械の制限事項（使用制限，スペース制限，予測寿命，合理的に予見可能な誤使用）

手順2：危険源，危険状態および危険事象を明確にし，それらによるリスクを評価して，許容できるか否かを査定するリスクアセスメントを実施する．

手順3：本質安全設計により危険源を除去するか，またはリスクを低減する．

手順4：本質安全設計により十分に低減し得ないリスクに対して安全防護物（ガード，防護装置）および/または補足的防護対策を講じることによって，そのリスクを低減する．

手順5：機械の残留リスクについては，すべて使用者に情報提供と警告をする．

機械安全に関するリスクアセスメントは，あくまでも機械の危険源によって生ずる災害の可能性を評価するプロセスであり，その結果に基づくことに

より，安全対策はリスクアセスメントで判明した過大なリスクに対して，機械設計またはシステム設計の立場からリスク低減（災害防止対策）を実行することである．そしてリスク低減の方法としては，ⅰ）危険源そのものを除去したり，リスクを十分に低減し（手順3），できない場合，ⅱ）ガードを設置したり，安全装置を設置する（手順4）という手順を残留リスクが許容可能なリスクレベルになるまで繰り返す．

② リスクと安全性のカテゴリー

上述の ISO/IEC ガイド 51 は，安全という言葉の容易な使用を控えるように求めている．例えば，安全帽，安全靴の代わりに，保護帽，保護靴と呼ぶべきこと，安全剃刀，安全マッチなどの商品名の「安全……」を控えるべきこと，安全工学の専門用語，例えば「安全対策」，「安全装置」などは，事故防止の責任を考慮して使用することなど，多岐にわたって「安全」に合理的な説明責任を求めている．事故の可能性のある行為を安全の確認によって実行する場合，少なくとも「安全である」の判断は慎重にされなければならないことからも ISO/IEC ガイド 51 の主旨は明らかである．

端的にいうと，危険は事故の予測（情報）を示し，機械の運転停止の側の動機を与える．これに対し，安全は機械の運転実行（開始・継続）に対して許可を与える．したがって，安全は，単に「事故なし」を意味するだけでなく，故障で確認できないときは機械が停止するということも併せて立証しなければならない．この立証法の違いは，後で示すように安全機能のカテゴリーとして表わされる．

1. 危険性の情報（リスクアセッサの重要性）

先人達の経験した事故は大変貴重なものであるに違いない．なぜなら，危険源に関する情報によってリスク低減の対策をあらかじめ行なうことができるからである．図 4.3 で，機械の危険源を明確に定め，使用の予測や災害の情報などを考慮してできる限り厳格なリスク評価を行なうとされているが，危険性の予測には，曖昧さが含まれるのはやむをえない．時には，「心配だ」というような個人的感情，あるいは政治的・経済的・社会的な影響を受けるであろう．しかし，危険性に関する情報（経験的・実験的・知識的など）をリ

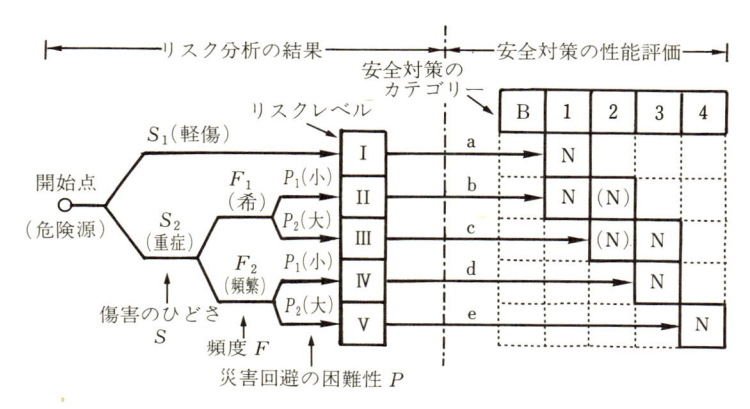

図4.4 リスク評価による安全対策のカテゴリーの設定（ISO/DIS 13849-1の付属書に基づき作図）

スクに集大成して，より厳格な安全を要求することがリスクアセッサ（リスクアセスメントを実施する者）の果たすべき役割である．

図4.4は，リスクアセスメントにおけるリスク見積（図4.3における手順1と2）と，その見積結果に対応する安全対策の性能カテゴリーの選定方法（手順3と4）の例を示している．この例では，国際規格 ISO 14121（機械類の安全性-リスクアセスメントの原則[3]）に従って，三つのリスク要素，すなわち傷害の重大さ，傷害の発生頻度，災害回避の困難性を挙げてリスクレベル I～V を決定する手順を示している．そして，決定されたリスクレベルに対応して，次に示すように安全対策の五つの安全性のカテゴリー B, 1～4 が要求される．

2. 安全の構造（カテゴリー）

安全は，許容可能なレベルまでリスクを下げる操作を行なうばかりでなく，その効果を保証しなければならない．ただし，この保証は，単に売り手が買い手に対して行なう個々の契約ではない．例えば，欧州の機械指令[4]は，域内における機械に関する安全性保証のための公認の手続き（安全立証法）規定とみなすことができる．しかも，欧州域内で機械を販売するためには，その手続きに従って機械の安全対策の正当性を立証し，そのことを「宣

言」しなければならない（CE マーキング）．特に，プレス機械や木工機械など危険性の高いとされてきた機械（上記の機械指令の付属書 IV で指定されている）については，公認機関による認証を受ける必要があるとされている．機械の場合，上記の ISO/IEC ガイド 51 で安全は「受け入れることのできないリスクからの解放」であると定義されているが，この「解放」の意味は，安全が公に認められることによって流通の許可を獲得するという意味の「解放」とも考えられる．元々人の生命に関わるような重大な責任を伴うことから，安全に対する認識は必然的に国際的共通化が求められる．

機械というものは常に正しい扱いがなされるとは限らない．誤って危険な状態になったなら運転を停止しなければならない．すなわち，リスクを低減するための安全機能（ISO/CD 12100 参照）は，現実には危険状態（危険源に人が暴露された状態）の発生を防止するか，または機械の動作を停止する機能であるといえる．ただし，安全機能が正常でないと事故を防止できないから，必然的に安全機能には正常性確認が条件となる．事実，国際規格 ISO/CD 12100 では，正常性確認で故障を検知して機械の運転を停止するために自動監視（automatic monitoring）が規定されており，この自動監視による安全機能の正常性確認は「安全確認」にほかならない．このように自動監視をインターロックとみなせば，機械安全に関する国際規格における安全確保は安全確認システム[5]に一致することになる．

それでは，安全機能の手段（例えば安全装置）の自動監視が故障したらどうなるであろうか．国際安全規格には，危険側故障（failure to danger）を徹底的に問題にするという考え方がある．規格条項として具体的に明文化されてはいないが，国際安全規格には「対危険側故障の原理」とでもいえるような原理が基礎を形成しているように思われる．例えば，安全装置は要求されるリスク低減を果たすばかりでなく，故障時には機械を停止させる．そのためには，安全装置の正常性確認（すなわち自動監視）には危険側故障が含まれてはならない．これについては，国際規格 ISO 13849-1（機械類の安全性－制御システムの安全関連部）[6]によれば，故障しても機械が停止しない可能性が残されていれば，それだけ安全性が低い安全装置だと評価される．この

表4.1 国際規格における安全性能のカテゴリー

カテゴリー	必要条件	システムの挙動
B	・使用条件や予測される作用（例えば，原料の影響，振動，電源中断）に耐える設計	・故障で安全機能を失う ・検出できない故障が残る
1	・カテゴリーBの条件が適用される ・従来から多く使用（テスト）されてきたか，十分吟味した安全原則（例えば，特定故障の回避，故障の影響の限定，早期故障検出，ディレーティングなど）を使う	・Bと同様であるが，信頼性は高い
2	・カテゴリーBの条件が適用される ・適切な間隔で（最低限始動時に）安全機能が検査される ・始動時検査は，システムにより自動的に実行されるか，または人が行なう ・検査出力は，故障のないとき運転を許可するか，または故障時安全側となる ・検査装置には，カテゴリーB以上の要件が適用される	・故障は検査により検出される ・故障発生後，次の検査までの間は安全機能が失われることがある
3	・カテゴリーBの条件が適用される ・単一故障により，安全機能は失われない ・技術的に可能ならば，単一故障は検出される	・単一故障の発生時には，安全機能が常に実行される ・（すべてではないが）故障は自動的に検出される ・検出されない故障の蓄積により，安全機能を損なうことがある
4	・カテゴリーBの条件が適用される ・単一故障により，安全機能は失われない ・単一故障は，技術的に可能ならば検出されるか，次に安全機能が必要となる前に検出される ・故障検出が不可能な場合でも，故障の蓄積による安全機能の消失はない	・単一故障発生後には，安全機能が常に実行される ・安全機能が損なわれる前に故障は適時自動的に検出される

ように，正常性確認（自動監視）に対する危険側故障の有無によって安全装置の安全性レベルが評価されているのである．

上記の国際規格ISO 13849-1では，安全装置の安全性レベルが安全性能

のカテゴリーで表わされている．リスクアセスメントの結果に基づく安全対策の手段（安全装置）の安全性能カテゴリーの選定をするための手順を図4.4で示した．まず，リスクアセスメントの結果によって機械の危険性を五つのリスクレベルに分類する．そして，高いリスクレベルに対して，高いカテゴリーの安全性能を有する安全装置が要求される．表4.1は，上記の国際規格ISO 13849-1で規定されている安全性能のカテゴリーを表としてまとめたものである[7]．ここで重要なことは，安全対策は安全装置の適正選択だけでなく，リスクレベルに対応する適正な構造を求めているのであり，安全性能のカテゴリーは対危険側故障の実現方法の違い（構造の違い）で表わされているのである．

　要約して解説すると，カテゴリーBは，安全装置の故障を特に配慮していない（信頼性についてさえ配慮していない）もの．カテゴリー1は，安全装置の故障に対し信頼性の向上のみで配慮したもの．カテゴリーBおよびカテゴリー1は，安全の立証性をもたないものである．カテゴリー2は，安全装置の故障が機械の起動時（起動できない）に判明する構造のものである．カテゴリー3は，安全装置の故障で機械は即時停止できるが，単一故障に対してのみ確認される構造のものである．カテゴリー4は，安全装置のすべての故障が機械停止を保証する構造のものである．

　このように，安全性能のカテゴリーは，安全の立証法の違い（構造）を規定していることは大変重要である．例えば，コンピュータと有接点構造の安全スイッチとではどちらが安全性が高いかといえば，コンピュータは信頼性は高いとしても故障時に機械が停止するような構造でできあがっていない（カテゴリー1に相当する）が，安全スイッチは接点の故障に対してオフ出力するように強制引き離し構造[8]が採用されているから，カテゴリー2であると評価される．

　機械安全には二つの異なる責任[9]が関わるものと考えられる．一つは，使用者に委ねられる事故防止の責任で"responsibility"といわれる責任である．もう一つは，当事者に押し付けては無責任だと考えるようないわゆる管理責任に相当する，先に述べた説明責任（accountability）である．製造物責任

（PL）やこれまで述べてきた設計者の責任もこの accountability の責任によるものである．具体的にも，国際規格 ISO/CD 12100 は技術者の責任，国際規格 ISO 16000〔マネージメント—安全衛生管理（案）〕は，管理者の責任を規定し，安全は徹底的に説明責任を要求している（説明できない安全が規格に採用できないのは当然である）．

重要な点であるので繰り返すが，事故を防ぐことがそのまま安全性なのではなく，事故を防ぐ方法に対する説明責任を果たすことで安全性が認められるのである．先に述べたリスクアセスメントは説明を求める側の立場であり，対策を講ずる機械の設計者が説明責任を果たす立場であるという関係である．安全（安全工学）では，原理・原則が重要であるが，それは，安全に対する説明責任が厳格であり，そのためには安全に対する共通の認識が何よりも必要となるからである．

（2）機械安全の国際規格の体系と概要

1991 年に ISO（国際標準化機構）の技術委員会 TC 199 が設置され，欧州における機械安全に関する統一規格（EN 規格）「機械類の安全性（safety of machinery）」を素案とする機械安全に関する国際標準化が進められている．機械安全に関する国際規格の体系については，ISO/CD 12100-1（EN 292-1）の序文の中で述べられているが，その概要は次のとおりである．

ISO/IEC ガイド 51 で述べられている階層的体系から生じる構造を形成する一連の規格体系である．

その体系は，次のとおりである．

a) タイプ A 規格（基本的安全規格）〔Type A standards（fundamental safety standards）〕：あらゆる機械に対して共通に適用できる基礎概念，設計原則および一般的側面を規定する規格．
b) タイプ B 規格（グループ安全規格）〔Type B standards（group safety standards）〕：広範な機械にわたって適用できる安全性に関する一側面，または安全関連装置の一形式を取り扱う規格であり，以下を含む：
    ・タイプ B1 規格：特定の安全性側面（例：安全距離，表面温度，騒音）に関する規格

表 4.2　機械安全に関する主な欧州規格一覧

(a) タイプ A：基本安全規格

規格番号	規格の名称	国際規格との対応
EN 292 　EN 292-1 　EN 292-2	基礎概念，設計の一般原則 　第1部：基礎用語，方法論 　第2部：技術原則及び仕様	 ISO 12100-1 ISO 12100-2
ENV 1070	用語	ISO / AWI 13848
EN 414	安全規格の原案と作成手順	
EN 1050	リスクアセスメントの原則	ISO 14121

(b) タイプ B1：グループ安全規格

規格番号	規格の名称	国際規格との対応
EN 294	上肢が危険域に届くのを防止するための安全距離	ISO 13852
EN 349	人体各部の圧砕危険を防止するための最小すき間	ISO 13854
EN 811	下肢が危険域に届くのを防止するための安全距離	ISO 13853
prEN 999	手/腕の速度　安全装置の設置場所を決定する身体の接近速度	ISO 13855
EN 954 　EN 954-1 　EN 954-2 EN 60204 　EN 60204-1 （討議中） （討議中）	制御システムの安全関連部分 　第1部：設計の一般原則 　第2部：確認，試験，故障リスト 機械の電気装置 　第1部：一般的要求事項 プログラマブルな電子制御装置の機能的安全 安全関連システムのソフトウェア	 ISO 13849-1 ISO / AWI 13849-2 IEC 60204-1 IEC 61508-1

(c) タイプ B2：グループ安全規格

規格番号	規格の名称	国際規格との対応
EN 574	両手制御装置	ISO / DIS 13851
EN 61496-1, -2	電気感応防護装置	IEC 61496-1, -2
EN 953	ガード（固定式，可動式）の設計と構造に関する一般要求事項	ISO 14120
EN 1088	ガードインタロック装置	ISO 14119
EN 1760-1	圧力感知式防護装置―マットおよび床	ISO / DIS 13856-1
EN 418 EN 1037	非常停止装置，機能に関する諸事項と設計原則 遮断およびエネルギーの消散－予期しない起動の防止	ISO 13850

(d) タイプ C：個別安全規格

規格番号	規格の名称	
EN 775	マニピュレーティング産業用ロボット	ISO 10218
EN 692	機械プレス-安全	

・タイプB2規格：安全関連装置（例：両手操作装置，インターロック装置，感圧装置，ガード）に関する規格
c) タイプC規格（個別機械安全規格）〔Type C standards（Machine safety standards）〕：特定の機械または機械区分に対する詳細な安全要求事項．（プレス，固定式研削機械，産業用ロボット，木工機械，包装機械，食品加工機械など）．

これらの規格群は，階層関係にありタイプA規格が最も上位にあり，タイプB規格はタイプA規格の規定に適合しなければならず，またタイプC規格はタイプA規格の規定およびB規格の規定に適合しなければならない．

ISO/TC 199 では，上に述べたようにEN規格の体系をそのまま取り入れて，国際標準化を進めているが，ISO規格体系においては，欧州の機械指令（必須安全要求事項やCEマーキング制度）に相当する国際法規の存在はないので任意規格である．表4.2に機械安全に関する主な欧州規格の一部を国際規格との対応を含めて示す．

(3) 機械安全に関する国際規格の基本的な考え方

機械安全に関する基本は，「ISO/CD 12100-1：機械類の安全性—基本概念，設計のための一般原則（第1部：基本用語，方法論）」および「ISO/CD 12100-2：機械類の安全性—基本概念と設計のための一般原則（第2部：技術的原則と仕様）」に規定されているが，ここではその要点について解説する．

① 基本概念（主要用語の定義）

上記の ISO/CD 12100-1，-2 での主要な基本概念については，用語の定義として述べられているので，以下にその主要用語の定義について示す．

1) 機械類［機械］〔machinery（machine）〕：連結された部分または構成部分の組合せで，そのうちの少なくとも一つは適切な機械アクチュエータ，制御と動力回路を備えて動くものであって，特に材料の加工，処理，移動，梱包といった特定の用途に合うように結合されたもの．
2) 複合設備（complex installation）：二つ以上の機械が調和した方法で連動して作動する機械群．

3) 製造者（manufacturer）：機械類の設計および製造について責任を持っているとみなされる人または企業，機関．
4) 機械の安全性（safety of a machine）：取扱説明書で特に指定した"意図する使用"の条件下で（場合によっては，取扱説明書で示される期間内で）傷害または健康障害を引き起こすことなしに，機械がその機能を果たすとともに，運搬，据付，調整，保全，分解，および処分されうる能力．
5) 機械類から生ずる危険源（hazard from machinery）：傷害または健康障害を引き起こしうる危険源．
6) 危険状態（hazardous situation）：人が危険源に暴露される状態．
7) 危険事象（hazardous event）：危険状態が傷害または健康障害につながりうる出来事．
8) リスク（risk）：危険状態において傷害または健康障害の発生の確率と重大さの組合せ．
9) 残留リスク（residual risk）：防護対策が講じられた後に残存するリスク．
10) 許容可能なリスク（tolerable risk）：社会の現在の価値観に基づいて，所定の状況において受け入れられるリスク．
11) リスクアセスメント（risk assessment）：リスク分析およびリスク評価の全プロセス
12) リスク分析（risk analysis）：危険源を同定するため，およびリスク見積りをするための有益な情報の使用．
13) リスク評価（risk evaluation）：リスク分析に基づいて許容可能なリスクが達成されたか否かの判断．
14) 機械の意図する使用（intended use of a machine）：製造者が提供した情報に基づく使用（合理的に予見可能な誤使用を考慮することが含まれる）．
15) 安全機能（safety functions）：その故障が傷害または健康障害の可能性を増加させる機械の機能．

16) 自動監視（automatic monitoring）：構成部分または要素の機能遂行能力が低下した場合，またはプロセス条件が危険源を発生する側に変化した場合に防護対策の始動を確保する安全機能．
17) 危険側故障（failure to danger）：危険状態を生ずるような機械類または動力源の故障．
18) 防護対策（安全対策）（protective measure [safety measure]）：リスク低減を達成するために意図される対策．
次により実行されるものである．
・製造者による（本質安全設計，安全防護対策および補足的防護対策，使用上の情報）
・使用者による（組織体：安全作業手順，監督，作業許可システム；追加安全防護物；保護具；訓練）
19) 本質安全設計によるリスク低減（risk reduction by safe design）：ガードまたは防護装置を使用せず危険源を除去する，または危険源に関連するリスクを低減する設計段階で組み込まれた防護対策の効果．
20) 安全防護対策（safeguarding）：本質安全設計により十分に制限できない，または合理的に予見可能でない危険源から人を防護するために安全防護物（例えば，ガードおよび防護装置）を使用する防護対策．
21) 安全防護物（safeguard）：安全防護対策を達成するために使用されるガードまたは防護装置．
22) ガード（guard）：物理的障壁を利用して，特に人を防護するために使用される機械の部分．
23) 防護装置（protective device）：単独で，またはガードとの組合せで，危険源を除去するかまたはリスクを低減する（ガード以外の）安全防護物．
24) インターロック装置（インターロック）〔interlocking device（interlock）〕：特定の条件（一般にはガードが閉じていない場合）のもとで機械要素の運転を妨げるための機械的，電気的，その他の方式の装置．
25) イネーブル装置（enable device）：起動制御に連携して用いる補足的

な手動操作装置であり，連続的に操作するとき，機械の機能を許可する装置．

26) ホールド・トゥ・ラン装置（hold-to-run control device）：手動操作装置（アクチュエータ）を作動させている間に限り，機械要素の運転を始動し，維持する装置．

27) 両手操作制御装置（tow-hand control device）：機械または機械要素の運転を始動し，かつ維持するために，少なくとも2個の手動操作装の同時作動を必要とする装置で，手動操作をする人のためのみの防護手段となるもの．

② 安全設計手順とリスクアセスメント

上記の4.2.2（1）項の①で述べたように，図4.3に示した機械の安全設計の手順に従って機械の製造者側で安全対策を実施することが規定されている．

ここで重要なことは，機械の危険源によって生ずる災害発生の可能性について，最悪の状況を想定してリスクアセスメントを実施し，その結果に基づき技術的に最善の安全対策（リスク低減）を実施することである．

③ 安全防護対策の基本

機械安全に関するISO規格における安全防護対策の基本的な考え方は，次のように要約することができる．

1. 全周囲防護

危険源を有する機械は，作業者が危険源に到達することのできない全周囲防護を設置することが基本とされている．これは，危険源に人が曝される状態（危険状態）を回避するためにガードや防護装置などの安全防護物を使用する防護対策であり，前段の「4.2.1（4）機械災害の防止の基本」で述べた「隔離の原則：ガードによる安全防護」と「停止の原則：安全装置による安全防護」を危険源を有する機械に全周囲的に適用することを意味している．

すなわち，対象とする機械において可能な限りの危険源を抽出し明確にした上で，それらの危険源に作業者が到達することのできないように，全周囲的に上記の安全防護物を設置することが基本とされている．

全周囲防護に関連する規格としては，ISO/DIS 13852, 13853, 13854「上肢及び下肢が危険域に届くのを防ぐための安全距離；人体部位の押し潰しの危険を防ぐための最小隙間」や，ISO/NP 14120「固定式及び可動式ガードの設計と構造に関する一般要求事項」などがある．

2. failure to danger に対する考慮

機械は故障し，作業者はミスを犯すことをまず認めた上で，仮にこれらが起きても作業者に危害を及ぼさない構造をシステムの設計段階で構築しておくことを基本としている．

安全手段も必ずいつかは故障するわけであり，これに対する基本原則に failure to safety（安全側故障）がある．これは，信頼性の向上によって安全性を確保しようというわが国における従来の災害防止対策と根本的に異なったものであるが，この原則も機械安全に関する国際規格の根幹をなすものであり，次の安全性能のカテゴリーの導入の基礎概念となっている．

3. 故障対策とカテゴリー

制御システムの安全関連部分については，一般に機械の危険性が高くなるに従い，より高い水準（カテゴリー）の故障対策を選択することが規定されている．例えば，プレス機械の安全装置や安全関連の制御回路の故障対策は，原則として最も水準の高い「カテゴリー 4」以上でなければならないと規定されている．

従来，わが国では安全装置などの災害防止手段の設置に関する規定はあるが，その故障時のカテゴリー分類はされておらず，今後，この方式の導入に当たっては，安全関連部品の故障解析手法やカテゴリー分類をはじめとして機械類に対応したカテゴリー選択基準などの確立が必要となる．

4. 手動操作時の安全対策

寸動機構は，手動操作の場合における安全手段として使われているが，従来，わが国では押しボタンなどを操作している間はプレスのスライドなどの可動部が作動する方式を寸動と称しているが，国際規格ではこの方式を「ホールド・トゥ・ラン」と呼び，「寸動」とは別の定義がなされている．そして，国際規格規格では，押しボタンなどを押し続けても可動部が一定距離

または一定角度以上作動しない方式（距離的制御）か，押しボタンを押し続けても可動部が一定時間以上作動しない方式（時間的制御）を寸動と称している．これは，作業者が誤ってボタンを押しっぱなしにした場合でも，機械側で停止することにより人間の誤りを認めた上で災害回避をできるようにするためである．

このほか，イネーブル装置による操作者の意思の確認のための手動制御の許可手段の適用など，手動操作時の防護対策も可能な限り技術的に実施することが基本となっている．

5. 安全立証と安全認証

欧州の機械指令では，上に述べた1〜4項の安全機能やその他の安全機能について適切なものであることの立証（説明責任：accountability）が義務づけられており，その手順についても規定されている．また，必要に応じて第三者機関による安全認証制度も整備されている．今後，国際的なテスト・ワンスを目指して，わが国においても認証制度の整備が求められており，現在そのための検討が進められている．

4.2.3 わが国の現状と今後の課題

本節では，機械安全の基本と機械安全の技術基準に関する国際標準化の概要について解説した．わが国のこれまでの機械安全に関する技術基準などは，上に述べた国際規格の体系におけるタイプC規格に相当する個別機械規格であり，限定された対象に限られているのが現状である．多様化する機械類に関する安全確保を効率的かつ論理的に一貫性のある規格によって達成するためには，タイプA規格やタイプB規格に相当する安全規格の整備が必要となる．また，今後の課題として，手持ち式機械における災害回避や危険点近接作業の災害回避のための研究や対策の検討が重要と考える．

これからの機械安全は，人の生命はどこの国においても同じに大切なものであるという基本理念に基づき，「the state of art（その時代の最高の安全技術）」と「accountability（説明責任）」に基づくことが求められており，その実現のための安全技術としては，安全確認型の安全システムを基本とする方向へ進んでいくものと考えられる．

4.3 安全確認型インターロック

4.3.1 安全確認型の立脚点

　機械が大きなエネルギーを利用する限り，エネルギーの正しい制御が不可欠である．災害防止は安全からの特別な要請を待つまでもなく，他のトラブルと同じく生産そのものの条件として当然対策が講じられるべきだということである．生産に伴う災害の防止には，例えばリスクを低減するなど，一般に確率論的な効果が求められるが，実現には，いったん災害が発生すれば原因が厳しく調査される．災害の責任には曖昧な判断が許されないことから，災害の因果関係に確定論が適用されるのは当然である．このように，災害防止が確率論的性格を持つ限り，災害の責任を考慮した予防的安全対策を計画的に遂行する必要があるといえる．

　やるべきことが解らず，災害によって問題が指摘され，重大な責任が課せられるという状況は，確率論に基づく災害防止では避けられない．本来，やるべきことを見分けて，それがなされていないのであれば，災害の可能性のある行為ができないようにするというのが安全性の明確な立場である．災害に対して重大な責任が問われる場面では，安全を確かめつつ機械を運転する．その場合，安全が確認できないときは運転停止が何よりも優先される．止めるとかえって危険な場合もあるが，重大な責任が問われるような災害は，停止すべきとき停止しなかったために起こるのだという認識が何よりも重要である．

　安全は，災害の予防対策であるために，あらかじめ立証すべき責任を負うものである．近年，安全に関し，国際的標準化が急速に進められているが，安全の国際規格は，広く認められた安全立証の手続きであるとみなすことができる．責任の立場から，機械の設計者にとって国際規格の基礎となる安全確保の原理・原則の正しい理解が重要となる．著者らは，これまで安全確認システムの見方から，安全の論理的な研究を行なってきたので，ここでは，その見方から改めて国際規格の安全の理解を試みることにしたい．ただし，ここでは安全性を「人の安全が確認できないとき，機械の停止によって災害

防止を果たすシステムの能力である」と考えることで、ここでの議論を進めたい。

4.3.2 安全の標準的理解における機械安全の捉え方
(1) 安全―流通の解放―

安全に関わる国際規格の作成上の指針 ISO/IEC ガイド 51 によれば、安全は「許容できないリスクからの解放（freedom）」である。安全と認められてはじめて機械の販売が許可されるという意味である。一般に、安全規格はリスク低減の標準的方法を定めており、この手順に従って設計・製造すれば、安全と認められる機械が難なく得られるという手はずである。しかし、安全規格が準備されていない場合、あるいは、あってもそれが適用できない場面がある。そのときは、改めて機械の危険性をリスクで表わして、安全な機械を自分で考えて作らなければならない。

ところで、同じく ISO/IEC ガイド 51 によれば、リスクは災害（傷害を伴う事故）の発生確率と被害の大きさの組合せだとされる。被害が大きい場合はもとより、小さな災害でも数が多いほど危険だと感じられることからも、この定義には説得力がある。つまり、滅多に起こらないし、起こっても被害が小さいという災害の場合は問題ないであろうが、ほとんどの機械は、相当の対策を施さないと、災害の心配が解消できないといっても過言ではない。販売の許可を獲得するには、改めてリスクとは何かを理解し、リスク低減を的確に行なうための正当な手続きが必要になってくる。

(2) 危険性―リスクとハザード―

さて、われわれが「危険」という場合、英語では先の risk（リスク）のほかに、danger, hazard がある。これらのうち、danger（デンジャー）は、程度のいかんにかかわらず一般的意味での「危険」であり、また hazard（ハザード）は、偶然に左右され、人間の力では避けられない危険で、特に危険源と呼ばれる。これに対して risk（リスク）は、一般に自らの責任において冒す危険で、冒険的な側面を持っている。われわれは、普段、危ないとか、心配だという感覚で危険を感じとり、注意するとか、実行を取りやめるというようにリスク低減の行動をとる。リスクという場合の「危険性」はコントロー

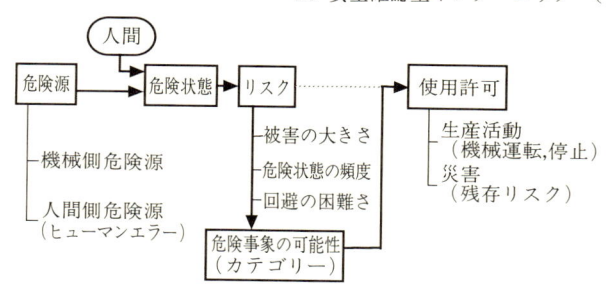

4.3 安全確認型インターロック (121)

図4.5 リスクの構成要素

ルが可能であり，われわれは，この特性を利用して災害を防ぐ努力をしてきているのである．

さて，リスクが災害の発生確率と被害の大きさに関係していることは既に述べたが，リスクを下げるにはリスクの構成要素を知らなければならない．国際規格 ISO/CD 12100（機械の安全性─設計のための一般原則）は，リスクにおける「災害の発生確率」をさらに「危険状態の頻度」，「危険事象の可能性」および「回避の困難さ」で表わしている．したがって，リスクは「被害の大きさ」を加えて，結局四つの要素を持つことになる．ただし，危険状態とは「危険源に人間が暴露されている状態」と定義されている．

図4.5は，リスクに関係する要素をまとめたものである．このように，リスクの根元は危険源（hazard）であり，すべては危険源の認識にかかっている．しかし，実は，われわれにとって危険源の本質を正しく理解するのは意外に難しい．例えば，普段「心配だ」に対して「注意しよう」で応えるというように，リスク低減は何となくわかる気がするのであるが，いざ合理的な方法でリスク低減を行なおうとすると，リスクの根元である危険源（hazard）の理解の困難さに突き当たるのである．例えば，「火は危ない」というのと，「火にそんなに近づいたら危ない」という場合の「危ない」は，前者が危険源，後者がリスクによるのであるが，これらを使い分けるのは容易ではない．確かに，火は，それに近づくと危ないのであって，火自体が危ないわけではない．それでは「火が危ない」というのはどういうことか．

上述の国際規格 ISO/CD 12100 で危険源は，傷害または健康障害を引き

起こす根元であると定義されている．ただし，危険源の用語は，一般にその予測される傷害もしくは健康障害の発生源または特質を定義する他の用語とともに，例えば，感電の危険源，押しつぶしの危険源，切断の危険源，毒性による危険源などのように用いられる．国際規格ISO 14121（機械の安全性―リスクアセスメントの原則）には，既に判明している数十にのぼる危険源がリストアップされており，「ヒューマンエラー」も危険源の中に分類されているのは興味深い．

4.3.3 安全を確認するメカニズム

(1) 危険状態の生成過程

人間が危険源に暴露されている状態，すなわち危険状態とは何かを理解するために，制御の失敗で生成される機械の危険状態に限定して考えてみる．

ところで，人が危険作業を行なう場合，安全であることを確かめてから実行するのであって，それが確かめられないときは作業を実行しないものである．このように，元々安全な機械があるわけでなく，人は危険な機械を安全に使用して災害を防いでいるというわけである．したがって，安全を確かめないで機械を運転することで危険状態が生ずるものとみなすとき，安全確認とは危険状態が生じていないこと（すなわち安全状態）の確認を意味し，また，制御による安全とは安全が確認できないとき機械の運転を停止することだと考えてよい．ただし，リスクの要素の一つ「回避の困難さ」は，人の回避行動による災害防止の可能性を示すと考えられるが，現実には，例えば人の非常停止操作で十分なリスク低減が期待できるとは考えられない．

さて，最も典型的な危険状態は，図4.6で示すように，機械と人間との物理的インタラクション（衝突や押しつぶし危険源）の発生，すなわち，共存の空間に機械と人間とが同時に存在するという状況である．ただし，機械的危険源に人間が曝されるこ

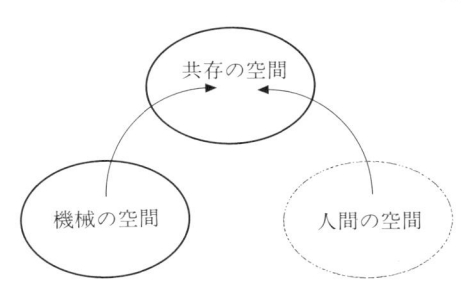

図4.6 共存の空間と危険状態

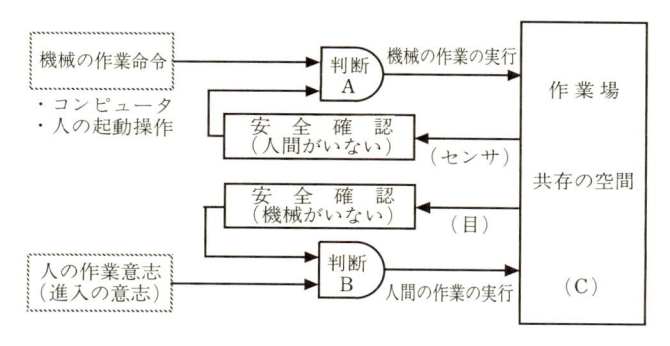

4.3 安全確認型インターロック （ 123 ）

図 4.7　機械と人間との相互の安全確認（安全確認システム）

とは，通常は起こりえない．なぜならば，図 4.7 で示すように機械と人間とが共同して使用する空間（共存の空間）では，機械は人間がいないことを確かめて進入し，また，人間は機械がいないことを確かめて進入するからである．危険状態が発生するとしたら，その空間に人間がいるときに機械が誤って進入した場合か，その空間で機械が作業しているときに人間が誤って進入した場合のいずれかである．この二つの安全確認によって機械が運転されるシステムを安全確認システムと呼ぶ．

例えば，プレス機械の危険源は，典型的にはスライドによる「押しつぶしの危険源」であり，もう一つは，人が咄嗟に手を入れるという「ヒューマンエラー」である．プレス機械の基本作業は，人がダイ（型）の間に素材を挿入した後，両手ボタンを押すとスライドが下降してプレス加工を行なって上の位置（上死点）に戻って停止する．プレス機械の安全確認システムは，次に示すように機械の側の正常確認と人間の側の安全確認で構成される（図 4.8 参照）．

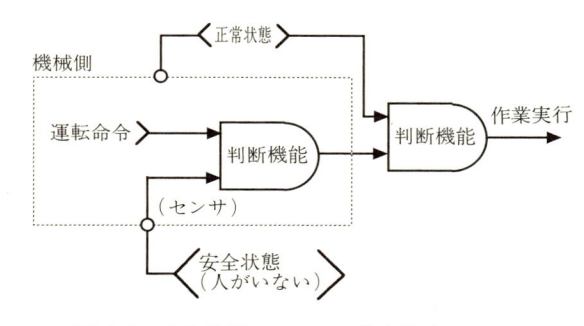

図 4.8　安全確認システムの基本構成（モデル）

① 機械側の誤り（正

常確認)

　機械の側の誤りで危険状態が生成される状況は，スライドが上死点で停止せず，Uターンする，いわゆる2度落ちであり，あるいは人が起動操作していないのにスライドが下降する場合である．そのため，実際のプレス制御では，上死点停止監視装置と両手起動装置がプレス制御の正常性確認を行なって，故障のときは機械を停止し，正常に復帰できるまで起動できないようにしている．機械側の誤りに起因する危険状態に対しては，再起動防止条件が，既に安全制御の基本原則の一つとして明らかにされている．

② 人間側の誤り（安全確認）

　人間の誤りで危険状態が生成される状況は，スライドが下降しているときにダイ（型）の間に手を入れる，いわゆるチョコ手の場合である．そのために，例えば光線式安全装置を前面に配置してスライドの下降時に手がないこと（安全状態）の確認を行ない，手が光線を遮るのを検出したときプレス機械を急停止させるようにしている．

　図4.5のリスクの三つの要因（被害の大きさを除いて）を逆から見れば，危険状態の発生時に人間が正しく回避行動を行なうか，または機械を確実に停止することによって災害を回避できる．したがって，全要素のいずれか一つに注目して，あるいは組み合わせてリスク低減の努力を行なえばよいはずである．しかし，国際規格の基本に，設計による安全確保を使用時の災害防止より優先するという大原則が存在する．そのため，まず図4.5のリスクの評価を人為的問題を含めて「被害の大きさ」，「危険状態の頻度」，「回避の困難さ」の三つに対して行ない，リスク低減は「危険事象の可能性」に対して行なうものとしている．この場合の「危険事象」とは，端的には危険状態が発生したとき，機械を停止するための技術的対策（明らかに安全確認システム）が故障で機械を停止できなくなるという可能性を示しているのである．ただし，この安全確認システムには，図4.8に示したように機械側の誤りに対する正常性確認と人間の進入に対する安全性確認の両方が含まれる．

　欧州の技術者は，共通して危険側障害（failure to danger）を問題にする．危険事象とは明らかにこの危険側障害を示しており，安全確認システムの故

障によって機械が停止できないような機械はリスクが高いとみなしている．リスク低減を危険側故障を生じない技術的手段の選択に帰するという考え方は，国際規格 ISO 13849（機械の安全性―制御システムの安全関連部）で明らかにされている．例えば，危険側障害を含まない場合を最高のカテゴリー 4 とし，「危険事象の可能性」をカテゴリー B, 1〜4 の 5 段階に分け，大きなリスクの機械に対しては，高カテゴリーの安全防護手段を採用しなければならない．フェールセーフの明確な定義はないが，国際規格は，明らかに故障で機械を停止させるフェールセーフな安全確認システムを要求しているとみて間違いはない．

（2）危険源としてのヒューマンエラー

例えば，200 ℃で爆発するという危険物は「爆発危険源」とみなされる．爆発温度 200 ℃は危険物の元々持っている性質であり，そのこと自体が危険性を意味するわけではない．どのように扱うかによって危険性（リスク）が発生し，また安全な扱いも可能なのである．一方，危険状態を発生させる最大の要因は明らかにヒューマンエラーであるが，ヒューマンエラーが「危険源」であるということは，ヒューマンエラーは人間の本質であって，どのように扱うかで危険にも安全にもなるのだという意味である．したがって，ヒューマンエラーを認め，ヒューマンエラーによるリスク増大を阻止するために技術的対策を導入するというのが，ヒューマンエラー対策の正当な要求だということになる．

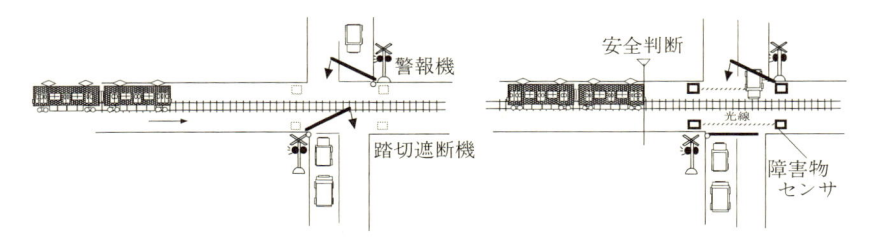

(a) 踏切の正常性確認（踏切遮断機が正しく閉じていることの確認）　　(b) 人間の安全性確認（障害物センサによる車がいないことの確認）

図 4.9　踏切の安全確認システム

例えば，図4.9は鉄道の踏切の例を示している．車と列車とを対等に扱うとすれば，列車は踏切上に車がいないとき通過し，また，車は列車が近くにいないとき横断すればよい．事故は，車と列車とが同時に踏切に存在することであるから，安全状態（危険状態でないこと）は，車がいないか，列車がいないか，両方ともいないかのいずれかである．踏切は図4.7で示した安全確認システムがそのまま適用される場面である．

さて，列車の踏切通過のための条件（踏切に車がいない）を確保するために踏切遮断機と踏切警報機が設置されている．列車の側の誤りで生ずる危険状態は，遮断機が閉じていない状態で列車が踏切を通過することであるから，遮断機が閉じない故障状況では，列車の運転を停止する確認システムが構成される．さらに何よりも，踏切では車が立ち往生するようなことが起こりうる．そして，列車の運転手のブレーキ操作が間に合わないで踏切事故が起こる．

踏切の危険性は，正確にリスク評価を行なうまでもなく，どんなに危険か（リスクがいかに大きいか）明らかである．既に述べたように，ヒューマンエラーを危険源とするということは，すなわち亘は立ち往生するものと認めることである．したがって，そのときのために亘を検出して列車を停止させる手段を導入するというのが，正当なリスク低減の方法である．現実に，踏切には障害物センサが設置されている〔図4.9(b)〕．一般に，透過型光センサを用いて立ち往生の車を検出して列車を強制的に停止させる．このように，踏切では，図4.8で示した安全確認システムによって踏切の正常性と人間の安全性の両方を機械の側で確認しているのである．

しかし現実には，踏切上の事故防止を人の責任に委ねてきている．すなわち，わが国では，踏切の安全確認を機械の側で行なう法的義務はなく，現に，障害物センサ設置の踏切が全国的にはまだ少ない．立ち往生した車を発見して列車運転手が急停止させる方法では，踏切事故を防ぐのは不可能であり，障害物センサによる安全確認システムを積極的に導入すべきである．

改めていうが，ヒューマンエラーを減らす努力で安全を考えることができるのは，元々リスクが小さい場合に限られる．ヒューマンエラーが原因で起

こる災害であってもヒューマンエラー自体を防ごうとするのはヒューマンエラーを扱う正当な方法ではない．立ち往生した車に事故の責任を負わせて，障害物センサの設置を後回しにしてきたこれまでのやり方がもはやわが国でも許されない状況になってきているのである．このように，国際規格における安全確保がリスク低減を求める限り，危険源に対する正しい認識が必要であり，特に，ヒューマンエラーが危険源として扱われることの正しい意味を理解する必要がある．

4.3.4 安全確認型インターロック

図4.8の安全確認システムは，人と機械とが共通の作業場で作業する場合，人が作業しているとき誤って機械が進入することがないだけでなく，作業中に誤って人が進入してきたときは，機械の側で停止するようにすることだとまとめることができる．これは，人間のミスによるリスク増大を阻止する目的が含まれるが，機械の側で行なう安全確認においても故障による誤りが当然含まれる．特に，安全確認システムの危険側障害（危険事象）は災害の直接的原因となるため，それが実際に起これば災害の責任を免れえないであろう．危険側障害は，機械が停止する側の障害（安全側障害）とは区別して慎重に扱われる．欧州の機械技術者が，特に危険側障害を取り上げて問題にしているのはこのためである．

安全確認システムは，少なくとも危険状態（人の接近）では，機械を確実に停止させる．また，このことは逆に，安全状態のとき機械の運転を停止させる故障は許されると考えてもよい．そこで，少なくとも危険側障害だけは生じないような安全確認システムを特に安全確認型インターロック（interlocking of safety reporting-type）と呼ぶ．

さて，安全確認型インターロックで用いるセンサは，安全を確認したとき機械の運転に許可を与えるための信号を出力し，安全が確認されないとき許可出力を停止する〔図4.10(a)〕．ここで，危険状態はもとより，センサの故障で安全が確認できないときも機械が停止する点に特に注意が必要である．安全が確認されたときだけ出力するという意味で安全確認型センサと呼ばれる．このタイプのセンサは，安全を示す情報（安全情報）を十分大きな

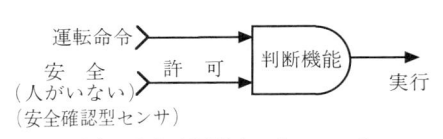

(a) 安全確認型インターロック

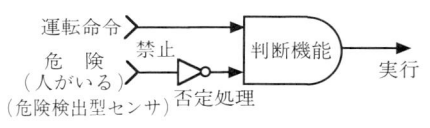

(b) 危険検出型インターロック

図 4.10 安全確認型と危険検出型のインターロック

エネルギーとして抽出し，信号をそのエネルギーで伝達し，機械の運転許可信号としてエネルギーを出力する．このように，安全情報を十分大きなエネルギーを持つ信号とすることによって故障時安全情報が消失するようにしている．故障で誤って許可が出力されない特性を実現することが最大の目的である．このように，危険側障害を生じない信号処理は非対称故障特性と呼ばれ，フェールセーフ技術として広く利用されている．

これに対して，危険状態で機械を停止するというやり方が当然考えられる．このタイプのインターロックは図 4.10 (b) で表わされ，危険検出型インターロックと呼ばれる．ここで用いられるセンサは，危険の情報をエネルギーとして抽出し，この信号は積極的なブレーキ操作に利用される．このセンサは，故障で危険を検出できないとき機械を停止できないばかりでなく，安全状態と故障状態がともに「出力なし」であるために両者が容易には区別できないという欠点を持つ．このタイプのセンサは危険検出型センサと呼ばれる．安全装置の故障が原因で多くの災害が繰り返し発生しているが，そこで使用されているセンサが危険検出型である場合が少なくない．

これらの安全上の特性の違いを最もよく表わしているのは表 4.3 で示す光線式センサである．光線式センサには透過型と反射型の 2 種類がある．表 4.3 (a) の透過型の場合，作業者が光ビームを遮断していないときを安全とするため，投光器が故障したり，作業者の代わりに他の介在物が入ってきても決して「安全」と判断しない．これに対して，同 (b) の反射型センサでは，人間を検出して機械を停止しようとする危険検出型である．これは，人間がいない（安全）とき反射光は受信されないので，故障で光が検出できないとき「安全」と判断してしまう．

表4.3 光線式センサの故障モード

	(a) 透過型	(b) 反射型
装置の形態	投光器／受光器	投／受
受光器出力	ON：人間がいない OFF：人間がいる	ON：人間がいる OFF：人間がいない
故障時	受光器出力 OFF （安全側障害）	受光器出力 OFF （危険側障害）

　非常停止ボタンがブレーク接点，また起動ボタンがメーク接点を使用していることも，危険側障害を許さないという考え方に基づいている．すなわち，非常停止ボタンは押していないとき安全を示し，起動ボタンはこれを押しているとき作業者が安全な場所にいることを示している．起動ボタンは，例えばロボットの可搬型操作装置には設けてはならないとされているのはそのためである．

　このように，安全確保を目的としたセンサの故障が原因で人間が災害を受けることは許されないのであり，機械や生産システムにおける安全防護は安全確認型インターロックによる体系的な検討が今後重要になってくるに違いない．

4.3.5　安全確認型と危険検出型との比較

　さて，平成8年の2月28日付け朝日新聞にベルギーの高速道路で起こった「200台の玉突事故」の記事が載っている．「ベルギー北西部の高速道路で，乗用車やトラックなど200台以上による大規模な玉突事故が発生し，少なくとも15人が死亡，75人が重軽傷を負った」とある．

なぜこのような事態が起こりえたのであろうか．「霧のために視界が悪かった」とあるが，そのこと以前に，人による車の運転が危険検出型であることが最大の原因である．人に限らず，危険が通報されて機械を停止させる危険検出型のシステムの場合，危険が正しく知らされていれば何の問題はない．しかし，何かの不都合で危険が知らされない事態が発生すると，事故は確実に起こる．その事実を，1台1台，念を押すように200台の追突で証明してくれたに相違ない．そこで，これまでの安全の話をまとめる意味で，危険検出型のシステムによって必然的に起こるこのような異常事態について考えてみる．

ここで改めて安全の基本原則を思い出そう．それは，安全は確認されて「安全」と認められるということである．そのため，安全を積極的に確認しなければならず，確認できないときは危険を伴う作業を停止するシステム，すなわち安全確認型インターロックが不可欠である．安全が確認できないとき確実に停止するためには，必然的にセンサ出力0によるエネルギー出力停止の構成が採られる．これは，熱力学第二法則が示すように熱力学的孤立状態で，未来に定まる状態（停止状態）には熱力学的決定性があるという意味から，ノーマルクローズシステムと呼ばれる．

さて，無人搬送車（AGV）のような移動体の場合，超音波センサや接触バンパを用いて前方に障害物がないこと（すなわち安全）を確認して運転し，障害物があれば，その空間に進入する前にノーマルクローズブレーキによって停止する．ところで，人が車を運転する場合，前方に車がいないこと（安全）を確認してアクセルを踏むのであるから，人の運転は安全確認型のシステムだと思われるかも知れない．

しかし，現実にはその逆である．車の運転の追突の状況を図4.11に示す．これによれば，ドライバは衝突の可能性のある対象を直接自分で見て運転しており，特に，夜間にあるいは霧などで前方の車が見えにくい場合，前方の車のブレーキランプを見て運転する〔図4.11(a)〕．このとき，ブレーキランプの点灯（危険）でブレーキ操作（減速・停止）を行なう危険検出型インターロックに変化しているのである．

4.3 安全確認型インターロック

(a) ブレーキランプ点灯で危険の通報（ブレーキ操作）

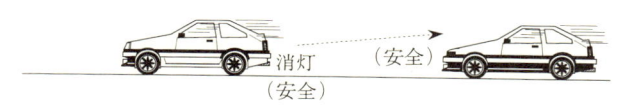

(b) ブレーキランプ消灯で安全の通報

(c) 異常事態が限りなく連鎖する

図 4.11　多重追突（200 台）の起こるメカニズム（危険検出型インターロック）

　この方法は，前方車のブレーキランプが故障で点灯しない状態で急停止すると，危険が後続車に伝達できず，そのため後続車はブレーキを踏まない状態でこれに追突することになる〔4.11 (c)〕．1 台が追突すると，追突の連鎖は限りなく続く．少なくとも，理論的にはこの多重追突を終わらせることはできないということである．こんなことは滅多に起こらないと思われるかも知れないが，高速道路で数十台の車が次々に追突するという衝突事故は，今でも後を絶たないのである．

　ドライバが障害物を見てブレーキを踏む構造は，ノーマルオープンのシステムであるといえる．この場合の停止の要求には確定性が得られないという宿命がある．人の運転は，単に信頼性が低いというだけの問題ではなく，危険検出型としての構造上の問題が指摘されなければならないのである．われわれの設計する機械やシステムにおいても，安全を守るシステムに，うっかりするとこの危険検出型の要素が入り込む．危険側障害の要素がどこかに含まれることになり，災害はこの部分が故障するのを待って発生する．危険検

出型の持つ本質的な欠点が300台に及ぶ追突事故を発生させるという反証を正しく説明できれば，安全確認型を見分けることがいかに重要か，誰にも理解されるはずである．

4.3.6 今後の安全工学の方向

安全が確率論的な効果を求める限り，災害は完全には防止できない．それなら，少なくとも停止によって防げる災害だけは確実に防ぐべきである．すべてが「止まれば安全」とはいかないが，停止すべきとき停止しないで起こった災害は責任重大だからである．そのためには，安全を守るシステムは安全確認型インターロックを優先すべきである．その後で，どうしてもできないところに危険検出型の要素を認める．そうすれば，その部分に検査を集中することができる．安全確認型のシステムには，安全特有の技術が必要かも知れないが，安全確保の妥当性が論理的に明らかにされているのであるから，それを無視すれば技術者として不勉強の謗りを免れることはできない．

国際的な立場から，安全の考え方の統一化が図られており，何よりも機械の設計者に対し安全の正しい構造を見分ける能力が求められているのであるが，安全工学はその要求に応えるまでになっていない．安全の国際化の流れの中で，安全性を，あるべき構造として定めるための安全工学と，それを実現するための技術的体系を整備していくことが早急に求められる．

4.4 機能安全とその国際規格

電気・電子系は，多くの分野において安全機能を果たすために長年使用されている．コンピュータを用いたプログラマブル電子系（Programmable Electronic System，以下 PES）は，当初，安全機能以外の制御機能などの遂行のために使用されていた．しかし，身近な例では，自動車におけるエアーバック，ABS（Anti-lock Braking System）または車間距離警報装置のように，最近では安全機能の履行にも使用され始めている．PESを用いた安全装置は，その卓越した応答処理速度，自己診断機能などの多機能化によって，従来の電気・機械式リレー回路を用いた安全装置では考えられなかった安全機能の実現を可能にしつつある．

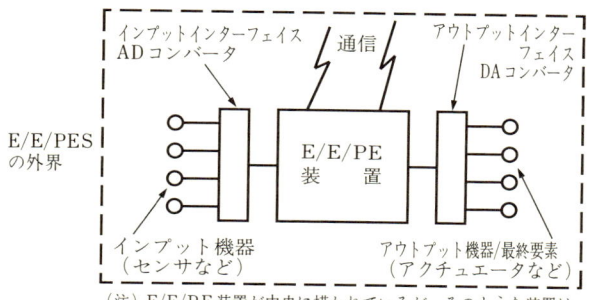

図4.12　E／E／PE安全関連系（IEC 61508）

　PESの技術が効果的かつ安全に活用されなければなず，PESの設計・管理などに関する安全の基本的手引きが必要となった．そこで，国際電気標準会議（IEC）の技術委員会規格化作業グループは，PESを含んだ電気・電子・プログラマブル電子系（Electrical / Electronic / Electronic Programmable System，以下E／E／PES）に対してIEC 61508「電気・電子・プログラマブル電子安全関連系（以下，E／E／PE安全関連系）の機能安全規格（以下，機能安全規格）」を策定した．ここで，安全関連系とは，ある安全機能を遂行し，その遂行に関してある水準以上の信頼性基準を満たすシステムをいう．一般的に，E／E／PE安全関連系は，図4.12に示すように，センサなどの入力部，CPUなどの論理部，アクチュエータなどの出力部およびそれら各要素間におけるインターフェイスから構成される[16]．この機能安全規格の第1，3，4および5部は，1998年12月にIEC規格として発行され，その翻訳JIS（JIS C 0508-1〜7）も発行されている．

　この機能安全規格は，E／E／PESを用いた安全関連系を第一義的な対象とする．しかし，例えば機械・液圧・空圧技術など安全関連系の基盤となる技術に係わりなく，それらに適用できる枠組みを規定する基本的安全規格である[14]．従来の安全規格の多くは，特定の部品あるいは機器の型式，材質，形状，方式などを規定する仕様（構造）規格に限定されてきた．

　機能安全規格は，次の点でそれらとは異なる．

① どのようなシステムでも適用でき，かつシステムのライフサイクルを対象とした安全設計，管理，保全などの手順を規定する手続き的かつ包括的な方法論を採用している．

② E/E/PE 安全関連系の安全性能を機能安全，すなわち安全機能とその遂行確率（probability）とで規定する性能規格の性格を持つ．

機能安全規格は，第1部（一般要求事項）[14]，第2部（E/E/PE 安全関連系），第3部（ソフトウェア要求事項）[15]，第4部（用語の定義及び略語）[16]，第5部（安全度水準決定方法の事例）[17]，第6部（第2部及び3部の適用指針），第7部（技術及び手法の一覧），の計7部から構成されている．欧米においては，規格の実施が実際上強制されているので，その方面との通商においては注意が必要である．また，わが国における製造物責任法に関連しても，規格や規則などに定める安全に関する技術は考慮されるべき最低限の標準になっている．

本節では，機能安全規格についてその概要を紹介し，この規格を理解するうえで必要となる基本的な考え方と方法論について述べる．

4.4.1 機能安全

機能安全は，「被制御系（EUC : Equipment under Control）とこれを制御する EUC 制御系とから構成される全体システムに関する安全のうち，E/E/PE 安全関連系，他技術安全関連系および外的リスク軽減施設の正常な働きに依存する部分」[16] と定義される．ここで，EUC は，製造，プロセス，運輸，医療，その他の業務に使用される機器，機械類，装置，プラントなどを意味し，EUC 制御系はプロセスおよび/または運転員からの入力信号に応答して，EUC を望ましい方法で運転するための出力信号を生成するシステムである[16]．これは，

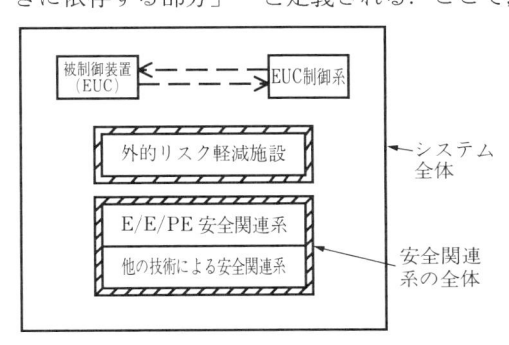

図4.13 全システムと安全関連系との関係

EUCから分離して区別される．EUC制御系には入力装置と最終要素が包まれる．これらの全体システムとサブシステムとの関係を図4.13に示す[16]．

機能安全の定義を理解するためには，まず安全の定義が明らかでなければならない．このため，次の基本的な概念を述べる．

(1) 機能安全規格における諸概念

身体の傷害，または所有物や環境の毀損により直接または間接的に生ずる人の健康逸失を危害（harm）と呼んでいる[18]．最近では，さらに財産または環境の毀損も危害に含めるようになってきた[18]．これは，短時間で生ずる人への危険（例えば，火災や爆発）とともに，長期にわたる人の健康への影響（例えば，中毒性物質の放出）の潜在的な危険も含む．いい換えれば，危害は，中毒性物質，振動源，機械の回転部，鋭利部，放射線源など物質やエネルギーなどとして認識できる危険源（sources of hazard または hazard sources）[14]によって人体，財産および環境にもたらされる負の結果である．

危険源から危害に至るプロセス，すなわち危険源と危害の発生を結び付けるメカニズムを表わす概念が潜在危険（hazard）である[18]．したがって，危険源，潜在危険および危害の関係は，図4.14のように表わすことができる．

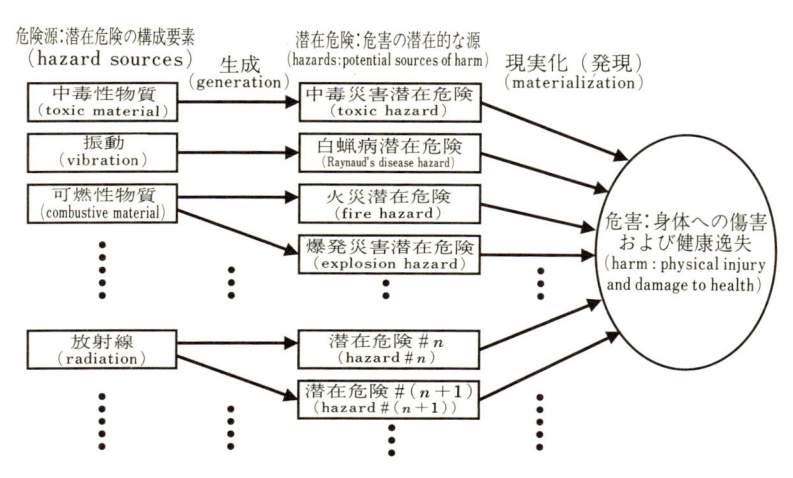

図4.14 危険源（hazard sources），潜在危険（hazards）および危害（harm）の図式的関係

潜在危険は，幾つかの危険事象（harmful event）および危険状態（hazardous situation）の有機的な結合として潜在的な事故シナリオとしても表現できる．このようなメカニズムやシナリオがどのようなものになるかを分類・特定する作業を潜在危険の同定（hazard identification）という．

潜在危険は，用語としては次のように使用する．

[事例1]：危険源である中毒性物質によって，中毒災害の可能性すなわち中毒災害潜在危険が生成され（generated），この潜在危険が現実化（materialized）すると中毒による危害が生ずる．

[事例2]：危険源である可燃性物質により，火災の可能性すなわち火災潜在危険，あるいは爆発災害の可能性すなわち爆発災害潜在危険などが生成され，それらの潜在危険が発現（realized）すると，それぞれ火傷などの危害が生ずる．

このように，潜在危険は，「何（危険源および潜在危険を構成するその他の要因）によって，何（災害およびその結果）が起きうるか」を特定する特別な概念を持つ．現実の現象として把握できる危険源および危害のほかに，両者を媒介する潜在危険の概念がなぜ必要となるかは，① 一般的に可燃性物質の場合のように，ある危険源から生成されうる危害発生のメカニズムすなわち潜在危険は多様であり，また，② 危害の抑制方法を適切に選択するために，それらの危険源から生成されうる多様な危害発生のメカニズム，すなわち潜在危険を可能な限り事前に同定しておくことが望ましいなどのためである．

なお，工作機械，産業用ロボット，プレス機械など低複雑度の機械類からなるシステムでは，設置台数も多く，その運用経験も非常に豊富である，また，災害として何がどのように発生するかが過去の事例としてほぼ100％判明しており，災害に至るシナリオもさほど複雑でないことが多い．この場合，危険源とそれから生成される潜在危険はともに自明であり，潜在というよりは顕在である．このような場合，4.3節に述べているように，一つの危険源から一つの潜在危険が生ずるものとして，両者を区別せずに一体化して取り扱うこともある．しかしながら，そのような低複雑度のシステムにあっ

4.4 機能安全とその国際規格

ても，ごく稀にではあるが，ありきたりの危険源から生成されるにもかかわらず，予想もできない潜在危険に遭遇することもあるので注意が必要である．

低複雑度のシステム以外の場合では，潜在危険の生成機構も複雑かつ多様である．新しいシステムにおいては，必ずしも潜在危険が自明でない．例えば，フォールトツリー解析（FTA）は代表的なリスク解析手法の一つである．複雑なシステムにFTAを適切に適用すると，危険源から危害に至る多様なシナリオ，すなわち潜在危険を同定することができる．このように，危険源と潜在危険の概念を明確化すると，一つの危険源から幾つもの潜在危険が生成されることが判明する．そして，おのおのの潜在危険に対してリスク査定が可能であり，リスク軽減措置の評価も可能となる．一般的には，危険源と潜在危険の概念を厳密に区別して，可能な限り危険源およびそれから生成される多様な潜在危険を同定して，事前に災害を防止するリスク管理を徹底する必要がある．

リスク（risk）は「危害発生の蓋然性と危害の過酷さの組合せ」[18]と定義されている．リスクは，個々の潜在危険により生成するもの，あるいはそれらのリスクを合計したものとしても表現できる．したがって，複数の潜在危険が存在するシステムにおけるリスクを扱う場合，誤解が生じないように，どの潜在危険あるいは潜在危険群によるリスクかを明確に述べなければならない．

危害発生の蓋然性は，定量的には主観的な推定値も含めて，ある期間内で1回（または複数回）発生する確率，または発生回数の統計的期待値（頻度）によって表わす．定性的には，「しばしば，たまに，めったに，信じられない」などのような主観的な言語表現を用いるのが一般的である．危害発生の確からしさを定性的に表現する場合でも，その裏づけとしてある程度の定量的な解析を実施しておくことが望ましい．これにより，定性的な表現に客観性を持たせることができる．また，逆に定量的な解析によるリスク推定結果が得られていても，定量的に示すのが適切でない場合，定性的に表現することも多い．

表 4.4 リスクグラフ (IEC 61508)

(a) リスクのクラス分け

頻度	結果			
	破局的な	重大な	軽微な	無視できる
頻繁に起こる	I	I	I	II
かなり起こる	I	I	II	III
たまに起こる	I	II	III	III
あまり起こらない	II	III	III	IV
起こりそうもない	III	III	IV	IV
信じられない	IV	IV	IV	IV

(注) 実際に，どの事象がどの等級になるかは適用される分野によって異なり，また"頻繁に起こる"または"かなり起こる"などというのが実際にどのくらいの頻度なのかに依存する．したがって，この表は，今後利用するための仕様として見るよりは，このような表がどのようなものかを示す一例として見るべきである．

(b) リスク等級の説明

リスク等級	説明
等級 I	許容できないリスク
等級 II	好ましくないリスク．リスク軽減が，非現実的すなわちリスク軽減にかかる費用対効果比が著しく不均衡であるときだけ許容しなければならない好ましくないリスク．
等級 III	リスク軽減にかかる費用が得られる改善効果を超えるときに許容できるリスク
等級 IV	無視できるリスク

危害の苛酷さの程度は，定量的には，想定される被害者の数，傷害の程度あるいは損害額などによって表わす．定性的には，「無視できる，軽微な，重大な，破局的な」などの言語的表現が用いられる．定性的には同一の表現であっても，適用する産業分野によってその内容は大きく異なってくるであろう[17]．表 4.4 に定性的リスク推定のためのリスクグラフを示す．

危害発生の蓋然性および危害の過酷さのいずれに対しても，それらが定性的に表現されている場合でも，少なくとも順序を合理的に定めることができる程度には定量的な意味を付与することができる．したがって，両者の組合せとしてのリスクは，例えば両者を掛け合わせる，あるいはマトリックスと

して表現するなど，組合せ方を具体的に定めることにより，それらの相対的な大小を論ずることが可能である．

以上の議論から次の定義が可能となる[18]．

① リスクのうち，リスク軽減措置が採られた後に，なおシステムに残存するリスクを残存リスク（residual risk）という．また，現今の社会的価値観から受容されるリスクが許容リスク（tolerable risk）である．

② 安全（safety）は，受容できないリスクから免れていることである．

安全の定義から，ある特定の潜在危険に関して残存リスクが許容リスクを超えないことは，あるシステムが安全であるための必要条件となる．安全とリスクの関係から，機能安全とは「EUCとEUC制御系の全体に関するリスク軽減（risk reduction）のうち，E/E/PE安全関連系，他技術安全関連系および外的リスク軽減施設の正常な働きに依存するリスク軽減の部分」といい換えることができる．したがって，安全関連系の機能安全は，安全関連系の当該安全機能とその安全度（safety integrity）によって定めることができる．ここで，安全度とは，安全関連系が安全機能を遂行する確率（probability）である[16]．

(2) リスク軽減措置

複雑なシステムでは，多様なリスク軽減措置を適用して系統的にリスク軽減を実現しなければならない．それらの措置は，次のようなリスク軽減措置に分類できる[19]．

① 潜在危険構成要素の排除

最も本質的なリスク軽減措置は，潜在危険構成要素である危険源およびその関連要素（これは通常 EUC に含まれる，あるいは EUC の一部である）をシステムから排除・隔離し，またはそのエネルギーや化学的性質を潜在危険構成要素とならない状態にして使用することである．この措置により潜在危険そのものが解消されるが，その実現は排除・隔離または使用条件の変更の技術的可能性およびコストなどによって制約される．

② 変化の抑制

次に重要なのは，潜在危険が存在する前提で，潜在危険発現の引き金とな

る変化（これは，EUCあるいは安全関連系にも発生する）を抑制してリスクを軽減する措置である．フォールトアボイダンス設計，安全余裕，ロバスト制御設計，品質管理技法，高信頼性部品の使用，保全による信頼性の維持，教育・訓練によるヒューマンエラーの防止，ヒューマンエラー防止インターフェイスの設計，フールプルーフによる危険側の変化の防止，EMC対策などが存在する．

③ 変化の許容

変化の抑制設計が実施された場合でも，安全性を損なう故障・異常・エラーなどの変化を皆無とするシステムを実現することは実際上不可能である．そこで，それらの望ましくない変化が発生するという前提で，変化を許容するメカニズムの構築が重要である．このメカニズムは，望ましくない変化が発生した条件下で，システムの安全な状態を保持するメカニズム，および当該条件下でシステムを安全な状態に移行させるメカニズムとに分類できる．前者の例にはインターロッキング機構，航空機のエンジン冗長系，後者には移動体の衝突防止非常停止機構，プラントの安全弁などが挙げられる．

④ 保護・防護具および救護措置

前項まではシステムに対するリスク軽減措置を述べた．最終的な危害の防護は，人体に直接装着する保護帽，安全靴，マスク，人工呼吸器など保護または防護具によって行なわれる．さらに危害が生じたあとでは，その被害拡大を抑制し，危害をリカバーする救護体制が必要となる．

(3) リスク軽減措置における機能安全の位置づけ

変化の許容戦略において，インターロッキング機構，非常停止機構および安全弁は，EUCの本来の機能を達成するためにEUCに付加され，安全機能をもっぱらに行なう下位システムである．これらは，当該安全機能に関してある一定以上の安全度〔連続運用モードで危険側故障率が 10^{-5}（1/時間）より小，または低頻度運用モードで作動要求当たりの平均機能失敗確率が 10^{-1} より小〕を持つならば，安全関連系とみなされる[14]．

4.4.2 機能安全の遂行

機能安全，すなわち安全関連系などがEUCとEUC制御系の全体に関する

リスクを軽減する能力は，安全機能とそれに対する安全度から構成される安全要求仕様によって定められる．安全関連系の安全機能の遂行能力を終結させる故障を危険側故障（以下，故障）という．この故障が生ずると，あるいは故障が生じている状態では，システムは危険である．安全度は，安全関連系の故障の発生率（故障率），故障の自己診断と修理（修復率），疑似作動要求発生率，作動要求持続時間，プルーフテスト間隔などの関数として表現される[20]．故障については，次のように分類する[14]．

(1) ランダムハードウェア故障と決定論的原因故障

異なる部品ごとに異なる率で生ずる多くの劣化メカニズムが存在し，製造上の許容誤差がそれらのメカニズムにより運転中の部品の故障を異なる時刻において引き起こす．したがって，多くの部品からなる装置全体の故障は，予測可能な率で生ずるが予測不可能な（ランダムな）時刻で発生する．このように，時間的に無秩序に発生し，ハードウェアの多様な劣化メカニズムから生ずる故障をランダムハードウェア故障（random hardware failure）という[16]．

一方，安全要求仕様，ハードウェアの設計・製造・設置・運転およびソフトウェアの設計・実施などにおけるヒューマンエラーなどのように，設計変更，製造過程，運転手順，文書化などの要因の修正によってのみ除去できる種類の原因に決定論的に関連する故障を決定論的原因故障（systematic failure）という[16]．

ランダムハードウェア故障と決定論的原因故障を区別する主な性質は，ランダムハードウェア故障から生ずるシステムの機能失敗確率（あるいは適当な他の統計的尺度）が合理的な精度で予測推定可能であるのに対して，決定論的原因故障による機能失敗が，その性質上，予測推定できない点にある．すなわち，ランダムハードウェア故障によるシステムの機能失敗確率が合理的な精度を持って定量化できるのに対して，決定論的原因故障によるものは，故障へと導く事象が容易には予測推定できないので，正確な統計量として把握できない．

機能安全規格では，安全関連系のランダムハードウェア故障に対しては，

安全関連系の安全性能を安全度で規定している．決定論的原因故障に関しては，安全関連系のライフサイクルを対象とした安全設計，管理，保全などの手順を規定する手続き的な全安全ライフサイクルによる方法論を採用している．

(2) 低複雑度E／E／PE安全関連系とフェールセーフの適用

今日，フェールセーフおよびそれに関連するの概念は，一般的にはたいへん好まれて，しかしたいへん曖昧な概念で使用されている．これは，日本人が明確性よりも，どちらかといえば感覚的で曖昧なものを好む民族であるという性質も反映していると考えられる．フェールセーフの由来は，初期の機械式鉄道信号において，腕木を保持するワイヤが切れても，重力により重りが落下し，その反動で腕木が列車を停止させる状態になることだと信じられている．ワイヤが引っかかって重りが下降しない故障については，元来フェールセーフではない．

しかし，フェールセーフという響には，無条件ですべての故障が安全側に収束するものいう希望，楽観そして錯覚が付随している．すべての故障に対して安全側が保証できるシステムは原理的に存在しない．なぜなら，すべての故障を同定したという証明ができないからである．機能安全規格では，同定できずに見逃した故障を決定論的原因故障という[16]．決定論的原因故障は，危険側にも安全側にもなりうる．したがって，フェールセーフという場合には，必ずどの故障集合に対してフェールセーフが保証されるのかを明確にしなければならないのであるが，現実にはそのようにされていない．

製造物責任上，アメリカ合衆国においては製品にフェールセーフという形容詞を絶対に使用してはならない．その理由は，フェールセーフと宣伝して製品を販売した場合，万一事故が起きたとき，虚偽の誇大広告をしたとみなされ莫大な懲罰的補償金を請求されるからである．このように，機能安全規格でフェールセーフの概念を用いない理由の第一番目は，フェールセーフについて一般に信じられている概念そのものの曖昧性にある[14]．

以上の事情を理解した上で，E/E/PE安全関連系を局部的にフェールセーフとすることのできる二つの要因が考えられる．その要因の一つは，使

用されている部品・サブシステムの複雑度である．機能安全規格では，これをタイプAとBに分類している[16]．

　タイプAの部品・サブシステムは，
① 部品・サブシステムのすべての構成要素のフォールトモードがよく特定されている
② フォールト条件下での部品・サブシステムの挙動が完全に決定できる
③ 当該目標機能失敗尺度に適合していることを示すのに十分な程度に当該部品・サブシステムに対して現場の経験から信頼できる故障データが存在する

以上①～③のすべての条件を満たさなければならない．

　一方，部品・サブシステムが，
① 少なくとも一つの構成要素のフォールトモードがよく特定されていない
② フォールト条件下でのサブシステムの挙動が完全に決定できない
③ 当該要求目標故障尺度に適合していることを示すのに，十分には当該サブシステムに対して現場の経験による信頼できる故障データが存在しない

のいずれか一つの項目に該当する場合，タイプBになる．仮に，サブシステムの要素の少なくとも一つがタイプBに係わる条件を満たすと，当該サブシステム全体がタイプAではなくタイプBになることを意味している．

　E/E/PE安全関連系と局部的フェールセーフの概念の適用との関係を決定するもう一方の要因は，安全関連系に関連する潜在危険の性質である[19]．安全関連系は，ある，または幾つかの潜在危険の発現による危害が発生しうる状態から危害が発生しない安全な状態へとEUCの状態を遷移させ，またはEUCの安全な状態を維持する安全機能を持つ．フェールセーフシステムとは，ある範囲の故障あるいは異常が生じたときに，安全関連系がシステム全体を直ちに安全な機能停止状態（機械の停止状態）へと移行させることにより安全を確保するシステムと定義したとき，フェールセーフシステムの適用は，次のように潜在危険のタイプに依存する[21]～[23]．

（a）幾つかの潜在危険に対する安全な状態は，例えば医療機器のように，

EUC が正しく制御され続ける場合のみ存在する．そのような連続制御は，短時間あるいは無期限にわたることもある．このような潜在危険では，安全な状態がシステムの機能停止状態ではないので，フェールセーフシステムの方式が適用できない[14]．

（b）EUC が潜在的に危険な状態から最終的に安全な状態に移行する間，幾つかの中間的な状態を遷移する場合がある．中間的な状態とは，例えば，自動車の ABS がブレーキの制動力を ON-OFF 制御して最終的安全状態，すなわち自動車の停止ないし減速を行なうような場合である．制動力は，停止あるいは減速状態に至るまで，幾つかの ON 状態と OFF 状態を遷移する（繰り返す）ことになる[16]．

このような潜在危険では，安全状態があらかじめ ON 側あるいは OFF 側の一方に定められない．すなわち，ABS が制動力の ON または OFF のいずれの側に故障しても事故の可能性が生ずる．したがって，システム全体を直ちには機能停止状態とすることができないのでフェールセーフの概念が適用できない．このような潜在危険に対する安全関連系は，一部が故障しても全体として正しく機能し続けるフェールオペラブルシステムでなければならない．すなわち，ABS が故障したときはドライバが ABS に代わって正しくブレーキ操作を行なわないと事故が発生することになる．

現実の全体システムでは，フェールセーフシステムが適用できる潜在危険と適用できない潜在危険，およびフェールセーフ化できる故障とできない故障が混在している[20)~23)]．したがって，それらの潜在危険によるリスクを解析し，どのタイプの潜在危険を抑制対象とするかの優先順位をつける必要がある．この作業を潜在危険の同定とリスク解析という．

例えば機械作業では，機械に巻き込まれる，機械に押つぶされる，機械に挟まれるなどの機械の運動エネルギーを危険源とする潜在危険によるリスクが主たる軽減対象となるであろう．これは，過去の災害統計から自明であろう．他の潜在危険，例えば機械を停止させることにより機械が倒壊する潜在危険，あるいはロボットが把持物を放出する潜在危険は，運動エネルギー，重力および質量を主たる危険源とする．このようなリスクは，災害統計上す

なわち確率論的に無視できるかも知れない．そのとき，本質的にフェールセーフ化できないセンサやブレーキなどの機械的部品の故障を除外し，機械の運動エネルギーを危険源とする潜在危険における電気回路の電気的故障集合に対してのみフェールセーフの概念が適用できるといってよい[20)～23)]．

　機械作業の事例が示すように，複雑度の低い機械類における作業においても，危険源と潜在危険の概念を厳密に区別して使用すると，過去の災害データすなわち確率的には知ることのできない潜在危険とリスクの存在を把握することができる．複雑あるいは新しいシステムでは，潜在危険を見落とす可能性を減らすために，危険源と潜在危険の概念は明確に区別して扱うことが必須の条件である．機能安全規格では，任意のシステムを包括的に扱い，かつ可能な限り潜在危険の見落としを防ぐために，フェールセーフの概念は用いないことにしている[14)]．以上の議論の裏を返せば，機能安全規格適用除外を許容する次の事項に結び付くことになる．

　E/E/PE 安全関連系のうち，タイプAの部品で構成されるものを低複雑度 E/E/PE 安全関連系という．ここで，フォールトモードでのシステムの挙動は，解析的および/または試験的方法論により決定されてよい．例えば，モータの動力切断を行なうために，内挿された電気-機械式リレーを用いて接点を動作させるリミットスイッチを幾つか持つ機器が機能安全を遂行するなら，これが低複雑度 E/E/PE 安全関連系である．

　このような低複雑度 E/E/PE 安全関連系は，例えば機械類の作業のように，使用に供される局面が非常に狭い範囲に限定され，したがって潜在危険が極めて限定でき，十分な運用実績を持つことにより統計的に他の潜在危険が発現する可能性が無視できる場合，機能安全が十分に証明されていることになる．このような低複雑度 E/E/PE 安全関連系がフェールセーフの概念を実現する場合，機能安全規格は，経済的な理由からその適用を除外することを認める場合がある[14)]．

　すなわち，一部の機械類，例えば産業ロボットなどの自動運転モードでは，人と機械を分離でき，人が機械に接近すると機械を停止させることができる．自動運転モードでは，既に十分にリスクを軽減でき，統計上もこれが裏

づけられているとき，これを絶対安全であるといってもだれも反論できないであろう．しかし，機械類であっても，ある種の木工機械などのように危険源と人が接近しなければならず，したがって自動化が困難な場合，さらなる機能安全の達成が求められることになる．

一方，化学プラントや交通システムでは，機械類と比較し，桁外れのエネルギーすなわち危険源を有する．機械類では無視できた機械を停止させる際の制動部の故障すなわち制動部の信頼性は，それらの巨大な危険源を持つシステムの制御では本質的な問題となる．このようにして，プラントや交通システムでは工作機械など機械類に対するものとは異なるアプローチが必要となる．

4.4.3 全安全ライフサイクルと安全度水準（SIL）

安全規格は，安全関連系の全安全ライフサイクルと安全度水準の二つの基本的方法論方法で構成されている．前者は決定論的原因故障の抑制を図り，後者はランダムハードウェア故障に対応するためともいえる．本項では，二つの方法論について概説する．

(1) 全安全ライフサイクル

E/E/PE安全関連系の全安全ライフサイクルを図4.15に示す．全安全ライフサイクルは，概念フェーズから使用終了・廃却フェーズまでの16フェーズから構成され，おのおののフェーズにおいて実施すべき要求事項が規定されている．以下にそれらの要求事項の概要を述べる．

① 概念（フェーズ1）

このフェーズでは，他の安全ライフサイクルが十分に実行できるようなEUCとその環境（物理的，EUC）とその環境（物理的，法的）を一定水準まで調査し理解することが要求される．調査結果を文書化して以降のフェーズに引き継がなければならない．

② 全対象範囲の定義（フェーズ2）

EUCとEUC制御系の境界を定めるため，潜在危険とリスク解析（プロセス潜在危険，環境潜在危険など）の範囲を規定する．この結果を文書化して以降のフェーズに引き継ぐことが要求される．

4.4 機能安全とその国際規格 (147)

```
1 概　　念
    ↓
2 全対象範囲の定義
    ↓
3 潜在危険とリスク解析
    ↓
4 全安全要求事項
    ↓
5 安全要求事項の割当て
    ↓
6 全運用と保全計画  7 全安全妥当性確認計画  8 全設置および引き渡し計画  9 安全関連系 E/E/PES 実現（E/E/PES 安全ライフサイクル参照）  10 安全関連系他技術 実現  11 外的リスク軽減施設 実現
    ↓
12 全設置・引き渡し
    ↓
13 全安全妥当性確認
    ↓
14 全運用・保全・修理  →  15 全部分改修・改造
    ↓
16 使用終了・廃却

適切な安全ライフサイクルフェーズに戻る
```

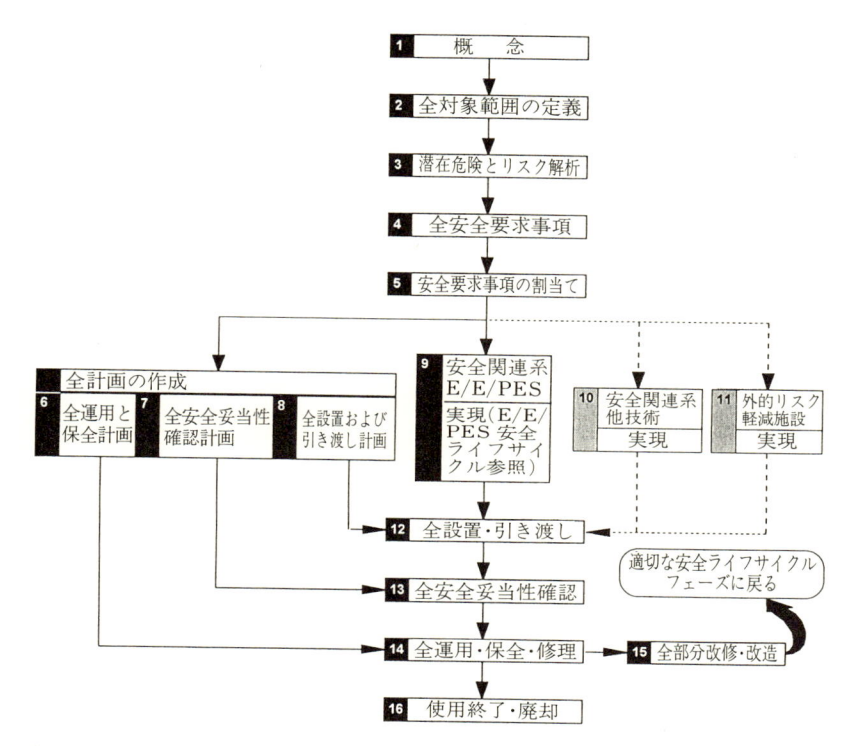

備考（1）"適合確認"，"機能安全の管理"および"機能安全評価"は，煩雑さを防ぐために図中に記入されていないが，全安全ライフサイクル，E/E/PES 安全ライフサイクルおよびソフトウェア安全ライフサイクルのすべてのフェーズに関連する．
　　（2）ボックス10 とボックス11 は，この規格群の対象外である．
　　（3）この規格群の第2部および第3部では，ボックス9 "実現" が検討されているが，場合に応じてボックス13，ボックス14 およびボックス15 でもプログラマブル電子系（ハードウェアとソフトウェア）が取り扱われる．

図 4.15　全安全ライフサイクル（IEC 61508）

③ 潜在危険とリスク解析（フェーズ3）

　まず，EUC と EUC 制御系の運用のすべてのモードにおいて，フォールト状態や誤使用を含むすべての合理的に予見可能状況で生ずる潜在危険を同定する．次に，同定された潜在危険に導く事象連鎖を同定する．そして，同定

された潜在危険に関連するEUCリスクを特定する．2回以上の潜在危険とリスク解析を実施しなければならない場合もあるので，潜在危険とリスク解析の範囲はE/E/PESおよびソフトウェア全安全ライフサイクルに関するフェーズに依存する．予備的潜在危険とリスク解析は，EUC，EUC制御系およびヒューマンファクタズを対象とする．得られた結果は文書化され以降のフェーズに引き継がなければならない．

④ 全安全要求事項（フェーズ4）

機能安全を達成するために，すべてのE/E/PE安全関連系，他技術安全関連系と外的リスク軽減施設に対して，安全機能と安全度要求事項を用いた全安全要求事項に関する安全要求仕様を展開する 関連する対象は，EUC，EUC制御系およびヒューマンファクタである．このフェーズでは，潜在危険とリスク解析の記述と関連する情報がインプットとなり，安全機能と安全度要求事項を用いて定められる安全要求仕様がアウトプットになる．

⑤ 安全要求事項の割当て（フェーズ5）

当該E/E/PE安全関連系，他技術安全関連系と外的リスク軽減施設に対して，全安全要求仕様に含まれる安全機能を割り当て，おのおのの安全機能に安全度水準を割り振る．このフェーズのアウトプットは，安全要求仕様の割り振りの情報と結果であり，文書化して以降のフェーズに引き継がなければならない．

⑥ 全運用保全計画（フェーズ6）

E/E/PE安全関連系を運用し保全する間，当該機能安全の維持が保証できるように運用および保全計画を作成する．関連する対象は，EUC，EUC制御系とヒューマンファクタズ，およびE/E/PE安全関連系である．このフェーズに必要な情報は全安全要求仕様であり，アウトプットはE/E/PE安全関連系を運用および保全計画である．

⑦ 全安全妥当性確認計画（フェーズ7）

E/E/PE安全関連系の全安全妥当性確認計画を作成する．関連する対象は，EUC，EUC制御系とヒューマンファクタズ，E/E/PE安全関連系である．このフェーズに必要な情報は全安全要求仕様であり，アウトプットは

4.4 機能安全とその国際規格 (149)

E/E/PE 安全関連系の妥当性確認計画である.

⑧ 全設置および引き渡し計画(フェーズ 8)

要求される機能安全が達成できるよう統御された方法で E/E/PE 安全関連系の設置計画を作成する．また，要求される機能安全が達成できるよう，統御された方法で E/E/PE 安全関連系を引き渡すための計画を作成する．関連する対象は，EUC，EUC 制御系，ヒューマンファクタズ，E/E/PE 安全関連系である．このフェーズに必要な情報は全安全要求仕様である．アウトプットは，E/E/PE 安全関連系の設置計画および E/E/PE 安全関連系の引渡し計画である．

⑨ E/E/PE 安全関連系の実現(フェーズ 9)

E/E/PE 安全関連系の全安全要求仕様に適合する E/E/PE 安全関連系を製造する．対象は E/E/PES 安全関連系であり，必要な情報は E/E/PE 安全関連系の全安全要求仕様となる．アウトプットは，全安全要求仕様に適合する E/E/PE 安全関連系である．

⑩ 他技術安全関連系の実現(フェーズ 10)

安全機能と安全度により定められる全安全要求仕様に適合する他技術安全関連系を生成する．対象は他技術安全関連系である．必要な情報は，他技術安全関連系の全安全要求仕様である．アウトプットは安全要求仕様に適合する他技術安全関連系である．このフェーズは，この規格の適用対象外となるので詳細には立ち入らない．

⑪ 外的リスク軽減施設の実現(フェーズ 11)

外的リスク軽減施設の機能安全と安全度要求事項により定められる全安全要求仕様に適合する外的リスク軽減施設を生成する．対象は外的リスク軽減施設となる．必要な情報は，外的リスク軽減施設に関する全安全要求仕様である．アウトプットは，全安全要求仕様に適合する外的リスク軽減施設である．このフェーズは，本規格の適用対象外なので，詳細には立ち入らない．

⑫ 全設置・引き渡し(フェーズ 12)

E/E/PE 安全関連系を設置し，ユーザーに引き渡す．関連する対象は，EUC，EUC 制御系，E/E/PE 安全関連系である．このフェーズに必要な情

報は，E/E/PE安全関連系の設置計画およびその引渡し計画となる．アウトプットは，万全なE/E/PE安全関連系の設置とその引渡しである．

⑬ 全安全妥当性確認（フェーズ13）

設置して引き渡されたE/E/PE安全関連系が全安全要求仕様に適合していることを確認する．これに関連する対象は，EUC, EUC制御系, E/E/PE安全関連系である．このフェーズに必要な情報は，E/E/PE安全関連系の全安全妥当性確認計画，全安全要求仕様である．アウトプットは，すべてのE/E/PE安全関連系が全安全要求仕様に適合していることの確認である．

⑭ 全運用・保全・修理（フェーズ14）

設計上の機能安全を維持するように，E/E/PEを運用し，保全し，修理する．関連する対象は，EUC, EUC制御系, E/E/PE安全関連系である．このフェーズに必要な情報は，E/E/PE安全関連系に対する全運用および保全計画である．アウトプットは，E/E/PE安全関連系が要求される機能安全を絶えまなく達成すること，およびE/E/PE安全関連系の運用,修理そして保全に関する経時的な記録である．

⑮ 全部分改修・改造（フェーズ15）

改修または改造が行なわれている間および後において，E/E/P安全関連系に関する機能安全が適切であることを保証する．対象は，EUC, EUC制御系, E/E/PE安全関連系である．このフェーズに必要な情報は，機能安全管理のための手順のもとでの改修または改造に関する要請となる．アウトプットは，改修または改造が行なわれている間および後において，E/E/P安全関連系が要求される機能安全を達成すること，およびE/E/PE安全関連系の運用，修理および保全の経時的な記録である．

⑯ 使用終了または廃棄（フェーズ16）

EUCの使用終了または廃却の間および後において，E/E/PE安全関連系の機能安全が適切であることを保証する．関連する対象は，EUC, EUC制御系, E/E/PE安全関連系である．必要な情報は，機能安全管理のための手順のもとでの廃却に関する要請となる．アウトプットは，EUCの使用終了または廃却の間および後においてE/E/PE安全関連系が要求される機能安

全を達成すること，および使用終了または廃棄の経時的な記録である．

なお，適合確認，機能安全の管理および機能安全評価に関わる業務は，おのおののフェーズにおいて言及していないが，上述のすべてのフェーズおよびソフトウェア安全ライフサイクルのすべてのフェーズに関連している．

(2) 機能安全とSIL

鉄道の踏切障害事故は毎日のように発生しているが，これが大きなニュースにはならない程度に社会的感覚はマヒしている．踏切における危険源は，第一義的には列車の持つ運動エネルギーである．

この危険源から，歩行者やドライバがぼんやりしていて左右の安全を確認しないで踏切に侵入する潜在危険，車の踏切内での脱輪やエンストによる潜在危険，歩行者の足が挟まれて身動きができないことによる潜在危険，身体障害者用の車椅子が遮断機によって進路を塞がれることによる潜在危険など，踏切に人や自動車などが入り込むことにより多様な潜在危険が生成される．このような潜在危険を感じることによる緊張，恐怖，血圧の増大など，一般市民にとって，踏切は余り楽しい場所ではないと考えられる．そのような緊張と恐怖から一刻も速く逃れたいと思うのが人の常であり，列車の通過直前での無理な踏切への侵入という別のタイプの潜在危険を招くことも考えられる．

現在では，多くの踏切に警報機や遮断機が設置されている．それらの設備は，安全関連系であろうか．安全関連系であれば，安全機能と安全度すなわち機能安全を持たなければならない．警報・遮断機の安全機能は，危険源である列車を停止させるためのものではなく，また列車の通過直前での無理な踏切への侵入潜在危険を防ぐものでもない．それは，主として歩行者やドライバがぼんやりしていて左右の安全を確認しないで踏切に侵入する潜在危険を防止するためのものであると考えられる．すなわち，警報・遮断機の安全機能は，歩行者やドライバのぼんやり侵入潜在危険の抑制である．

このようにして，警報・遮断機の安全機能が特定されると，次は当該安全機能が遂行される確率を推定して警報・遮断機の当該安全機能に対する安全度を求めなければならない．機能安全規格は，安全度の求め方について低頻度

作動要求モードと高頻度作動要求・連続モードとを規定している[14), 17)].

① 低頻度作動要求モード

このモードでは，危険事象は，作動要求頻度と作動要求が生じたときに安全関連系が故障している確率を掛けたものになる．まず，非常に暇な踏切を考える．列車の通過は1日にせいぜい1本で，踏切を横断する歩行者あるいは車両もせいぜい1日に1回程度とする．警報・遮断機への作動要求とは，列車の通過時に踏切を横断しようとする者が当該踏切に近づくことである．ここで，列車の通過と人の踏切への接近事象の生起が互いに統計的に独立であるとする．すると，警報・遮断機への作動要求の発生頻度は非常に小さくなり，数十年に1回などとなる．このような警報・遮断機が故障すると，当該安全機能の喪失状態は次の定期保全（プルーフテスト）まで続くものとする．すると，警報・遮断機故障の発生がいわゆる指数分布に従うならば，警報・遮断機の作動要求時の平均故障確率は，その故障率（1/年）に $T/2$ を掛けたものになる．このようにして，このモードでは安全関連系の作動要求時，すなわちプルーフテスト間 T（年）の平均故障確率を当該安全機能に対する安全度とする．

② 高頻度作動要求/連続モード

次に，列車，踏切横断歩行者および車両がほとんど連続的に高頻度で通過する非常に頻繁な踏切を考える．このような踏切で，警報・遮断機が故障して安全機能が停止した場合，歩行者やドライバのぼんやり侵入潜在危険がすぐさま現実化して事故が生ずるであろう．すると，ある微小時間での警報・遮断機の安全機能の失敗確率，すなわち警報・遮断機の故障率に微小時間を掛け合わせた確率は，その微小時間での踏切障害事故の発生確率に等しくなる．そのような事故が発生すると，故障はすぐさま修理される．微小時間を単位時間とすれば，近似的に単位時間当たりに警報・遮断機が故障する，すなわち踏切障害事故が発生する確率が求められる[20)]．このようにして，このモードでは，安全関連系の故障率を当該安全機能に対する安全度とする．

機能安全規格では，安全関連系の運用モードを低頻度作動要求モードと高頻度作動要求・連続モードとの2モードとしているが，実際にはその中間的

4.4 機能安全とその国際規格

表4.5 安全度水準（SIL）：低頻度作動要求モードで運用する E／E／PE 安全関連系に割り当てられる安全機能に対する目標機能失敗尺度（IEC 61508）

安全度水準（SIL）	低頻度作動要求モード運用 （作動要求当たりの設計上の機能失敗平均確率）
4	10^{-5} 以上 10^{-4} 未満
3	10^{-4} 以上 10^{-3} 未満
2	10^{-3} 以上 10^{-2} 未満
1	10^{-2} 以上 10^{-1} 未満

表4.6 安全度水準（SIL）：高頻度作動要求または連続モードで運用するE／E／PE安全関連系に割り当てられる安全機能に対する目標機能失敗尺度（IEC 61508）

安全度水準（SIL）	高頻度作動要求または連続モード運用 〔単位時間当たりの危険側故障確率（1／時間）〕
4	10^{-9} 以上 10^{-8} 未満
3	10^{-8} 以上 10^{-7} 未満
2	10^{-7} 以上 10^{-6} 未満
1	10^{-6} 以上 10^{-5} 未満

なモードも存在する．そのような一般化されたモードに対するモデルとアルゴリズムが文献20）に提案されている．

機能安全規格では，おのおののモードに対して安全度を4段階にレベル化して，表4.5および表4.6に示すような安全度水準（SIL）を定義している．SIL 1 は最低の安全度水準であり，SIL 4 が最高の安全度水準である．

警報・遮断機が 5×10^{-7}（1／時間）の故障率を持ち，プルーテスト間隔を1年とすると，低頻度作動要求モードではその平均故障確率は，$5 \times 10^{-7} \times 10^4 / 2 = 2.5 \times 10^{-3}$（ただし，1年を1万時間とした）となり，表4.5の SIL 2 に該当する．高頻度作動要求／連続モードでは，故障率をそのまま表4.6に当てはめて SIL 2 に該当することがわかる．

参考文献

1) ISO／IEC Guide 51 : Safety aspects- Guidelines for their inclusion in standards, ISO／IEC TAG SAFETY N 31 DRAFT, January 1997.

2) ISO/CD 12100-1, -2 : 199X : Safety of machinery-Basic concepts, general principles for design, February 1998.
3) ISO/FDIS 14121 : Safety of machinery-Principles of risk assessment, 1998 (E).
4) COUNCIL DIRECTIVE of 14 June 1989 on the approximation of the Laws of the Member States relating to machinery (89/392/EEC)〈91/368/EECおよび93/44/EECおよび93/68/EECにより修正〉.
5) 例えば 杉本・粂川ほか：「安全確認型安全の基本構造」, 日本機械学会論文集 (C編) (1988).
6) ISO/DIS 13849 – 1 : Safety of machinery-safety related parts of control systems ; Part1 : General principles for design, 1997.
7) 産業安全研究所安全資料, 工作機械等の安全手段の選定法とその構造要件, NIIS-SD-NO. 13 (1996).
8) 山下：「安全をめぐる世界の動向―安全機器の検証 (その2)」, 安全, **48**, 7 (1997).
9) 杉本：「挟まれ・巻き込まれとガード」, 安全, **48**, 8 (1998).
10) 杉本・蓬原・向殿：「安全作業システムの原理とその論理的構造」, 電気学会論文集 (D編), 107-D, 9 (1986).
11) 蓬原・杉本・向殿：「安全作業におけるインターロックの構造と実現」, 電気学会論文集 (D編), 107-D, 9 (1986-9).
12) 蓬原・杉本：「安全確認型作業システムの論理的考察」, 日本機械学会論文集 (C編), **56**, 529 (1990).
13) 杉本・蓬原：「安全の原理」, 日本機械学会論文集 (C編), **56**, 530 (1990).
14) IEC 61508 – 1, Functional safety of electrical/electronic/programmable electronic safety-related systems-Part 1 : General requirements, IEC, December 1998, Geneva.
15) IEC 61508 – 3, Functional safety of electrical/electronic/programmable electronic safety-related systems-Part 3 : Software requirements, IEC, December 1998, Geneva.
16) IEC 61508 – 4, Functional safety of electrical/electronic/programmable electronic safety-related systems-Part 4 : Definitions and abbreviations, IEC, December 1998, Geneva.
17) IEC 61508 – 5, Functional safety of electrical/electronic/programmable electronic safety-related systems – Part 5 : Examples of methods for the determination of safety integrity levels, IEC, December 1998, Geneva.
18) Revision of ISO/IEC Guide 51 : Safety aspects-Guidelines for their inclusion in standards, ISO/IEC, January 1998, Geneva.
19) 佐藤吉信：「安全設計における信頼性技術とフェイルセイフ技術の位置づけ」, 安全工学, **31**, 1 (1992) pp. 2-8.
20) 加藤栄一・佐藤吉信・堀籠教夫：「機能安全規格における安全度水準モデルについて」, 電子情報通信学会論文誌 (A編) J82-A, 2 (1999) pp. 247-255.
21) 佐藤吉信・井上紘一：「人間―ロボット系の安全性評価 (潜在危険制御系の構成原理)」, 日本機械学会論文集 (C編), **54**, 505 (1988) pp. 2165-2173.
22) 佐藤吉信・井上紘一：「人間―ロボット系の安全性評価 (移動ロボットにおける潜在危険制御

系の構成について)」，日本機械学会論文集 (C 編)，**55**，518 (1989) pp. 2663-2671.
23) 佐藤吉信・井上紘一：「自動車におけるヒューマン・エラー・バックアップ・システムの基本構成」，日本機械学会論文集 (C 編)，**56**，527 (1990) pp. 1789-1796.

参考となる資料
* 産業安全研究所安全資料：機械安全に関する欧州規格の現状と国内法規との対応に関する調査，NIIS-SD-NO.14 (1996).
* 丸山編：機械安全の国際規格と CE マーキング―重要規則と規格の世界的動向，日本規格協会 (1998).

第5章　製品安全試験

5.1　製品安全試験の位置づけ

　本章では,「製品安全試験」または「製品安全評価試験」という機能・プロセスの安全工学における機器安全系の中の要素としての, また関連する国際規格の中での位置づけ, その定義を確認する.

5.1.1　機器安全系の中の要素としての位置づけ

　機器・製品の安全系の設計とその実現は, その機器・製品のライフサイクルにわたるリスクマネージメントであると考えることができる. ここで, 機器安全系の中の要素・プロセスとしての「製品安全試験」を機器・製品のリスクマネージメントの中のプロセスとして考察する.

　リスクマネージメントの一部としてのリスク分析 (リスクアナリシス) については, 図5.1に示すように EN 292「機械の安全性」など, 幾つかの指針規格があるが, ここで IEC 60300-3-9「技術システムのリスク分析」に示されている, 多種の機器・製品に普遍的な基本的技法を参照する. この中で, リスク分析のプロセスフローは図5.2, 図5.3に示され, その中の1プロセス「分析の検証」 (analysis verification) の機能が下記で定義されている. こ

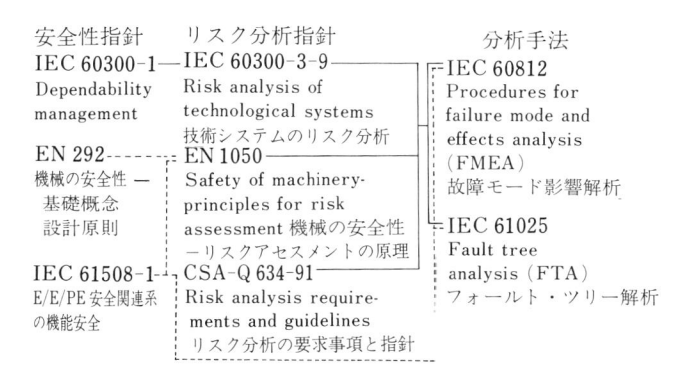

```
安全性指針              リスク分析指針              分析手法
IEC 60300-1 ── IEC 60300-3-9 ──────┬─ IEC 60812
Dependability    Risk analysis of            │  Procedures for
management       technological systems       │  failure mode and
                 技術システムのリスク分析       │  effects analysis
                                              │  (FMEA)
EN 292 ------- EN 1050 ─────────────┤  故障モード影響解析
機械の安全性 ─    Safety of machinery-        │
 基礎概念         principles for risk        │
 設計原則         assessment 機械の安全性      ├─ IEC 61025
                 ーリスクアセスメントの原理     │  Fault tree
                                              │  analysis (FTA)
IEC 61508-1 ── CSA-Q 634-91 ─────────┘  フォールト・ツリー解析
E/E/PE安全関連系  Risk analysis require-
の機能安全        ments and guidelines
                 リスク分析の要求事項と指針
```

図5.1　リスク分析に関する指針規格

5.1 製品安全試験の位置づけ （ 157 ）

の内容が，リスク分析/リスクマネージメントの中のプロセスにおいて，製品安全試験というプロセスの基本的な役割，機能を包含すると考えられる．

また，一般に出荷検査，最終検査などと呼ばれ製品の生産工程の

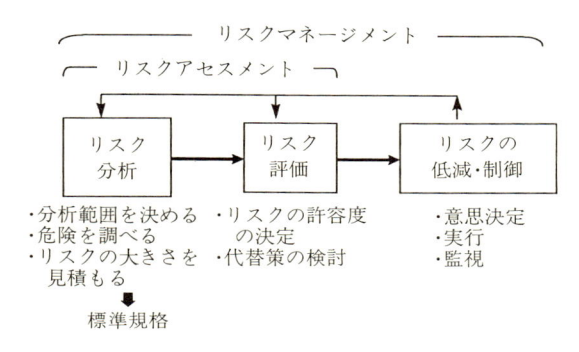

図5.2 リスクマネージメントとリスク分析との関係（IEC 60300-3-9）

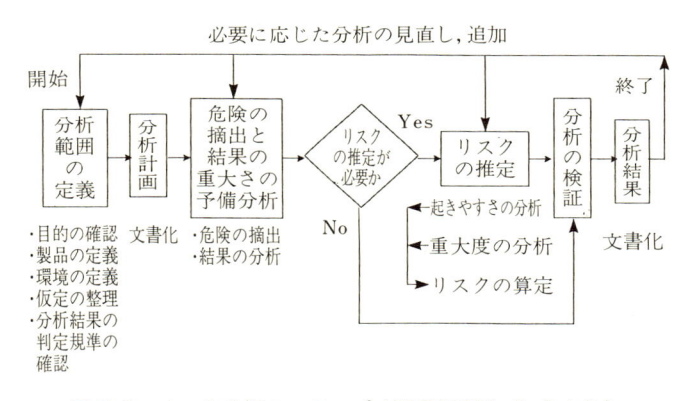

図5.3 リスク分析のステップ（IEC 60300-3-9 より）

最後に行なわれる製品機能・品質の確認プロセスにも，製品安全試験の機能の一部が含まれるが，本著の主旨において前述のリスク分析の一部としての製品安全試験につき以下に論じる．しかし，いずれの場合においても，製品安全試験が，製品・機器の具体化された安全性能が設計・計画し，期待したとおりの範囲にあるかどうかを確認・検証する唯一最良の実地検証手段であることは共通である．

5.1.2 標準化,品質に関する技術基準・技術規格における製品安全試験

製品安全試験の「試験」という機能について,その「試験」の正確な定義,位置づけ,役割,「試験」に対する要求事項などを標準化,品質管理に関する国際規格の中で確認する.

① ISO/IEC ガイド2「標準化および関連する活動-一般用語」

この規格中,「特性の決定(13 Determination of characteristics)」の項で,特性を決定するための手段としての「試験」(test)について,以下のとおり定義している.

・「試験(test)」:与えられた製品,工程,またはサービスの一つ以上の特性を指定された手順に従って決定することからなる技術的活動

また,「試験」と関連が深く,多くの場合混用されている「検査(inspection)」については,以下のように定義している.

・「検査(inspection)」:適合性評価を,観察および判断によって行なうことであり,必要に応じて,測定,試験または計量を伴う.

② ISO/IEC ガイド51「安全事項を規格に盛り込むためのガイドライン」

この規格は,タイトルどおり規格を通じて安全性を向上させるための安全性の概念を安全規格の作成者に与えるものであり,この中の「6 安全規格を準備するための原則」の「6.4 草稿」,「6.4.3 試験および適合性(検証)」において,試験の目的とこれに対する要求事項を以下としている.

安全性に関する要求事項,適合性検証のための試験または他の方法,および適合性判定基準は相関関係にある要素であり 常に同時に考慮されなければならない.したがって,規格は的確な設計であることを検証するための方法を規定する完全な記述(例えば,型式試験とその試供品の数)および的確な製造であることを検証する方法(例えば,日常試験),およびこれらの適合性判定基準を含まなければならない.

③ EN 954-1「機械の安全性—制御装置の安全性関連部分—パート1:設計のための一般原則

この規格は,機械のコントロールシステムの安全性に関わる機能部分に関

するものであり，この中の「8 確認（validation）」の「8.1 総論」で試験の役割を下記のように引用している．

　確認の目的は，コントロールシステムの安全性関連部分の機械の全体的な安全性要求仕様の中で，その仕様に対する適合性の程度を判定することである．確認は，確認計画に従って試験を行なうことおよびアナリシスを適用することからなる．

　また，「8.4 試験のよる確認」の「8.4.1 特定の安全性機能の試験」の要求事項には以下が含まれている．

- 安全性機能がそれらの規定の仕様に完全に適合していることに関する試験は，重要なステップである．
- 安全性機能の試験の目的は，安全性に関連する出力信号が入力信号に論理的に対応していることを確認することである．
- 試験は，システムの妥当性を確認するために，リスクアセスメントから必要になる静的および動的なシミュレーションにおけるすべての正常状態と予見できる異常状態を網羅しなければならない．

④ ISO 9001「品質保証システム規格」

　この中の設計開発のプロセスの一部としての「4.8 設計の妥当性の確認」で，安全性などを含めた製品への要求事項への製品の適合性の確認を要求している．これが，製品安全試験を含む「評価試験」への品質システム的要求となる．さらに，一部の製品安全試験は，「設計の妥当性の確認」の前に設計のインプットとアウトプットとの整合を確認するために行なわれる「4.7 設計検証」にも含まれる．

　また，生産・出荷される製品の各プロセスでの「4.10 検査および試験」，「4.11 検査および試験装置の管理」には，製品安全試験の要求事項となる試験手順の明確化・文書化，試験記録，試験装置の管理などが規定されている．

⑤ ISO/IEC 17025「試験所（試験機能）に関する規格：校正および試験を行なう試験所の能力に関する一般要求事項」

　この規格は，製品などの性能・品質の試験（testing）データの信頼性を確保するための試験所の能力を評価，判定するための要求事項を規定した国際規

格である．この規格に基づく試験所の認定・登録は，米国 NVLAP，オランダ RvA，イギリス UKAS，オーストラリア NATA など，各国の国家的認定機関により行なわれ欧米で広く普及しているが，日本では 1996 年から一部の試験分野で導入され始めている．

この規格の要求事項は，ⅰ）マネージメントシステムに関する要求事項，およびⅱ）技術的要求事項に大別されていて，ⅰ）は ISO 9000 シリーズ品質システム規格の要求事項と同等である．すなわち ISO／IEC 17025 は ISO 9000 品質システム要求事項に試験所への技術的要求事項を加えたものである．したがって，本項に述べる規格の中で，試験所すなわち試験という機能に対する共通的な技術的要求事項を最も具体的に示していて，その第 4 版 1997 年改正案の 5 項技術的要求事項では，以下の事項を挙げている．

- 一般事項
- 職員
- 施設および環境条件
- 試験および校正の方法
- 装置（測定および試験のための装置）
- 測定のトレーサビリティ
- サンプリング

各項目の要求内容はここでは省略する．

5.1.3 製品安全試験の要求機能と内容

機器安全系のリスク分析における，また試験という機能・プロセスとしての標準化・品質規格の体系における製品安全試験の基本的な位置づけ，定義を確認した上で，製品安全試験の要求機能，その具体的な内容（試験基準，試験条件，試験方法など）について以下に考察する．

前述のリスク分析手法に関する技術規格では，「リスク」は，「危険事象の発生する頻度または確率とその結果の組合わせ」と定義されているが，「リスク」の一般的な定義は，「ある行動において，望むゴールを獲得すること，または何らかの損失を被るポテンシャルの不確かさ」と表わされる．いい換えると，「リスク」の考え方，またリスク分析などの活動は，「不確かさ」すな

5.1 製品安全試験の位置づけ

わち確実でない，確定できないという性格から，哲学上の否定論的観点に立つものということができる．

一方で，工業標準化・品質に関して要求される「試験」は，ISO/IEC ガイド2が定義するように，何らかの特性を「指定された手順に従って決定する」という，いわば肯定論的な活動である．

したがって，製品安全試験とは，その本質的な，また安全工学理論上の機能は機器・製品のリスク分析の検証機能として位置づけられるが，安全工学の機器・製品への具体的適用においては，該当する安全規格，技術基準などに基づく実践的な作業ということができる．そして，このために，機器・製品のリスク分析に基づくリスク低減のために各種機器・製品の試験基準，試験方法などが多くの安全規格として作られ，また新しい技術，機器・製品タイプに対応するため常に見直し更新されている．

また，安全工学に共通的であるのと同様に，製品安全においても，過去の機器製品の事故事象の事象，原因などを調査分析し機器・製品のリスク分析，設計・製造を通じたリスクマネージメントに技術データとしてフィードバックすることは，機器・製品の現在・将来の危険ポテンシャル，事故を防止するための重要な手掛り，手段になっている．この点に関して，製品安全試験においては上述の過去の事故事象からのフィードバックは，機器・製品の安全規格また共通的な技術規格（漏れ電流，絶縁，高温表面への反応，レーザ危険に関する規格など）の技術根拠として，試験の判定基準，条件，方法などに基本的に包含されていることになる．

もちろん，適切な安全規格・技術基準が整備されていない場合，または試験対象の機器・製品の固有機能などにおいて既存の安全規格・技術基準を適用することに疑問があるなどの場合は，当該の製品安全試験において類似機器・製品の過去の事故事例分析を含めたリスク分析とリスク制御の検討が必要になることがある．

このような場合のほか，適切な安全規格・技術基準が存在する場合も含め，製品安全試験は常にその「特性を決定する技術的活動（ISO/IEC ガイド2）」としての機能を要求されていることに留意する必要がある．この意味

で，ISO 9001，ISO/IEC 17025 などの品質システムで試験に従事する者に要求される能力評価とそれに基づく資格認定は，試験実施能力としての試験技術だけでなく「特性を決定する」ために必要な技術的判断能力にも関心を持っていると考えるべきであろう．

5.2 電気電子製品における安全試験の概要

前節の製品安全試験の基本的な位置づけ，性格．共通的な要求の理解の上に，安全試験に関する具体的な技術的要求事項，試験方法・手順，試験結果の例などを，現代社会で最も広くの機器・製品が該当する電気電子機器・製品の例にとって次に概説する．

5.2.1 安全規格における製品安全試験に関する要求

代表的な製品安全規格として IEC 60950「情報技術機器の安全性」の「1.4 試験に関する共通条件」の中の主要な要求事項を以下に整理する．

1.4.2 別に規定しなければ，この規格は型式試験について規定する．「評価試験」は，ある製品生産を代表する1台またはそれ以上の製品見本に基づいて試験するものであり，生産する製品すべての性能・品質を試験するものではないことを意味する．

　このことは，製品安全試験の設計・生産の検証としての役割・機能を，これらの製品安全規格においても確認していることを示す．

1.4.3 試料または試験用試料（試験サンプルと呼ばれることが多い）は，使用者が受け取る機器を代表するものか，使用者に出荷されるようになっている実際の機器であること．

　これは，性能評価試験と同様に，安全試験は通常，試作機，評価試験用製品などを使って行なわれることが多いが，試験の目的が市場に出荷される製品である場合は，試験サンプルがその製品と完全に同一の構造・性能を持っていることが必要である．

1.4.4 規格に特定の試験条件が記述されている場合および試験結果に大きな影響を及ぶことが明らかな場合を除き，次のパラメータについて製造者の運転仕様の範囲で最も不利な条件を組合せで試験を行なうこと．

5.2 電気電子製品における安全試験の概要　（ 163 ）

- 電源電圧，・電源周波数，・機器の物理的位置および可動部の位置，
- 動作状態，
- オペレータ接近区域にあるサーモスタット，調整装置または類似の制御器であって次のもの：
    * 工具の使用なしで調整できる，または
    * オペレータに与えられた鍵，工具などにより調整できる

1.4.5　供給電圧の最悪条件は，複数の定格電圧，定格電圧レンジの上下限，製造者による定格電圧の許容誤差を考慮すること．

　　製造者により許容誤差が規定されていない場合は，＋6％および－10％とする．また，定格電圧が単相230Vまたは3相400Vでは，許容誤差は＋10％および－10％以下であってはならない．

　この要求事項は，電源の供給を受ける商用電源の想定される変動に対して，製品が正常に運転できることを確認するためである．

5.2.2　代表的な安全試験—IEC60950「情報技術機器の安全性」を実施した場合—

　ここで，コピー機，ファックス，パーソナルコンピュータなどを含め多くの事務用，家庭用電気製品が適用できる前述の安全規格 IEC 60950「情報技術機器の安全性」における製品安全試験への要求（試験の目的，試験方法，判定基準）を概説する．

　この規格の主な試験対象項目を列挙すると以下のようになるが，この中から製品の種類，使用電源の種類，定格，使用条件などに応じて実際に必要な試験項目が選択される．この選択において，機器・製品の仕様，使用環境などに応じた危険リスクの種類の判断が製品安全試験技術者の技術能力，経験に基づいて行なわれる．

- 電源インターフェイス（入力電流測定）
- 感電，エネルギー危険からの保護
- 絶縁耐力
- 二次高電圧（CRT，液晶ディスプレイなどの駆動電圧）
- SELV（安全超低電圧）回路の信頼性

- 電流制限回路
- 一次電源への接続(電源コードの取付けの確実さ)
- 機器の安定性(転倒,外殻の強度)
- リチウム電池など(交換可能なもの)
- 温度上昇
- 接地漏れ電流
- 絶縁耐力
- 異常運転および故障状態

以上の試験項目について,試験の目的(試験対象),試験方法,判定基準の根拠,試験結果の例,またリスク分析・リスク低減方法での観点を以下に挙げる.

(1) 電源インターフェイス(入力電流測定)

この試験の目的は,製品の設計上および使用環境により定まる電源入力電流が,製造者が定義したとおりの値,すなわち定格電流または電力であるか否かを測定し,確認することである.また,正常負荷をかけた状態で入力電流が定格電流の110%以下であることが要求されており,製品を運転して入力電流が一定になったとき,製品の定格電圧の範囲の両端での最大値を測定する.

(2) 感電,エネルギー危険からの保護

危険電圧が加わっている部分にオペレータが接触する危険がないかを確認,判定するための試験には以下が含まれれる.

① 危険電圧が加わっている部分への接近のしやすさ

オペレータが開けられるドアー,カバーなどを開け,オペレータが取り外せるコネクタ,ヒューズホルダを取り外して,指を模擬したテストプローブを当てて調べる.また,感電防止用外部エンクロージャに通風用などの開口がある場合は,規定のテストプローブを使って調べる.

② 電源プラグでの感電危険

この試験は,電源プラグを引き抜くなど電源を遮断をしたときに,機器の使用中に電源一次側回路のコンデンサに充電された電荷による感電の危険が

ないかを判定する．このため，電源遮断後のプラグの電位をオシロスコープにより測定し，通常のプラグの場合，この放電時定数が1秒以下であることを確認する．この時間1秒は，電源プラグを引き抜いたときにプラグに触わるまでの時間を想定している．

③ 二次回路出力の最大値の測定

上記の①，②とは別に，また電源一次側回路にコンデンサがない場合など，一次・二次トランスそのものの最大可能な出力電圧，電流を測定し，感電危険，エネルギー危険の有無を調査する．

（3）絶　　縁

この試験では，絶縁物を含む部品または機器を，湿度91～95%，温度20～30℃の恒温・恒湿槽で48時間調湿した後，その環境状態の中で絶縁耐力試験を行なう．規格の構造要求として，絶縁物として吸湿性を持つ材料を使わないことを要求しているが，材料のデータで確認できない吸湿性による絶縁耐力の劣化を試験によって確認する．

（4）SELV（安全超低電圧）回路の信頼性

ここで，SELVとは，正常状態および単一の故障で，任意の部分の電圧が安全な値を超えない構造に設計され，また保護されている二次回路のことである．この安全な値は，正常状態で42.4Vピークまたは直流60V以下の，通常危険を生じない電圧であり，単一故障時にも0.2秒を超えてこの電圧を超えない値で，その上限値を規定されている．

これを確認するため，故障状態（部品の短絡，開放など）を模擬し，オペレータが触われる部分（出力コネクタピンなど）のそのときの電圧を測定する．このとき，模擬した故障により発生する他の機能的な故障（部品破損，ヒューズ切断など）は，試験条件として記録する．

（5）一次電源への接続（電源コードの取付けの確実さ）

この試験は，次の（6）項とともに大部分が電気的試験である当規格による試験の中で，数少ない機械的試験である．これは，危険電圧である一次電源の機器への入力経路としての電源コードが確実に機器に取り付けられていて，コードの外れなどによる危険が生じないことを確認するものである．

この試験では，機器の重量に応じて誤使用による引張りを想定した力（4 kgf を超える機器で 100 N）で最も不利な方向に 1 秒間ずつ 25 回繰り返して引張る．試験後，電源コードに損傷がないこと，また長さ方向に 2 mm 以上の変位してはならない．

(6) 機械的強度および安定性

次の試験を行ない，エンクロージャの破損，変形により感電危険，火災危険などが生じないかを確認する．

① 定常力試験

外部エンクロージャに 250 ± 10 N の力を 5 秒間加える．これは，オペレータが機器に寄りかかったり片手でもたれたりすることを想定している．

② 鋼球試験

完全なエンクロージャまたは機器を正常な姿勢で置き，その水平面上に，直径約 50 mm，重量 500 gf ± 25 gf の鋼球を高さ 1.3 m の位置から自然落下し衝突させる．また，この鋼球を紐で吊るして高さ 1.3 m の位置から振り落とし，エンクロージャの垂直面に衝突させる．これは特に，電源コード取付け部，電源スイッチの周囲など内部に危険電圧を含むエンクロージャ部に対して行なう．

③ 落下試験

手持ち式機器，ダイレクトプラグイン機器，および重量が 5 kgf 以下で手持ち送受話器などを接続するデスクトップ機器は，機器自身の落下試験を行なう．落下の高さは，手持ち式機器，ダイレクトプラグイン機器で 1 m，デスクトップ機器で 750 mm とし，最も不利な結果を生じる恐れのある姿勢で水平面上に 3 回落下させる．

④ 応力除去試験

これは，成形熱可塑性材料のエンクロージャが，成形により生じる内部応力の緩和によって収縮または変形して危険な部分が露出しないような構造になっていることを確認する．このため，機器またはエンクロージャ全体を規定の温度で 7 時間加熱した後，室温に戻し，収縮変形の有無を調べる．

5.2 電気電子製品における安全試験の概要

(7) 接地漏れ電流

① 試験の目的

この試験の目的は、感電危険の一つとして、製品を通してオペレータに流れる可能性がある漏れ電流を測定して、これが該当する安全規格の制限値などの基準値以下であるかを確認することである。この「接地漏れ電流」（以下、漏れ電流）の定義、原理その性格を以下に示す。

- 定義：ANSI C 101-1992「機器の洩れ電流」
 「機器の接近できる部分と、機器の接地（アース）または接近できる他の部分との間の接触によって人を通して流れる電流」
- 原理：この電流は、機器の外装（エンクロージャ）や操作パネルなど触れることができる導電部が適切に絶縁されていない、また必要な接地がされていないなどのとき、そこが機器の活電導体（電源ラインなど）からの漏れ電流経路を通して活電し、接触した人を通してアースに流れるものである。この電流経路には、電源のRFIフィルタの相線-接地間のコンデンサ（Yコンデンサと呼ぶ）の容量、金属製エンクロージャと活電導体との間の浮遊容量などがある。

この試験における漏れ電流の制限値として規定されている値（製品の形態、接地線の有無などにより 0.25〜3.5 mA）は、通常は使用者に直接的な危険を及ぼす値ではなく、電流に反応した刺激・ショックによる転倒などによる二次的な危険を招く可能性を防ぐための値でああり、製品安全試験において機器・製品による事故事例の原因分析結果がより安全サイドに考慮されている典型的な例である。

② 試験方法

漏れ電流は、規定の試験回路および図5.4の測定器を使い測定する。測定器の回路は、漏れ電流試験の目的である人の反応を模擬す

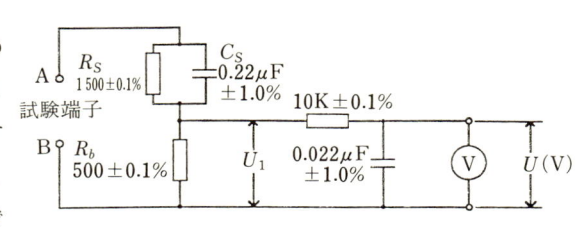

図5.4 漏れ電流試験用測定器の回路

るために，人体の抵抗と静電容量を模擬している．

(8) 絶縁耐力試験

① 試験の目的

この試験の目的は，製品の中で使われている絶縁，特に一次回路と，接地された部分または接触可能な部分との間の絶縁が，製品使用中に起こりうる通常の過電圧に耐える十分な電気的強度を持っているかを確認することである．

この試験では，一次回路と機器本体，一次回路と二次回路，一次回路の部分間に比較的高い電圧をかけて行ない，北米では「high pot（potential）testing」と呼ばれている．この高い試験電圧の理由は，回路中のインダクタンスを通る電流の切断により発生する高いインパルス電圧などを考慮しているためである．

IEC 60950 における試験電圧の例を表5.1に示す．機器内の回路の実際の動作電圧と，機器に要求される絶縁階級に応じて試験電圧が決定される．

② 試験方法

絶縁耐力試験器の高圧側・低圧側プローブで試験電圧印加部を確実にはさみ，試験器の電圧を表5.1の該当する値まで徐々に上げていく．通常，一次回路として電源入力線を一まとめにして，これと機器本体との間に電圧をか

表5.1 絶縁耐力試験電圧（抜粋）

動作電圧 絶縁階級	試験電圧（単位：V_{rms}），印加点 一次と本体との間 一次と二次との間 一次回路の部分の相互間			
	$U \leqq 184$ V	184 V $< U$ $\leqq 354$ V	354 V $< U$ $\leqq 1.41$ kV	1.41 kV $< U$ $\leqq 10$ kV
機能絶縁	1 000	1 500	別途規定	別途規定
基礎絶縁	1 000	1 500	別途規定	別途規定
強化絶縁	2 000	3 000	3 000	別途規定

（注）電圧はすべて，ピークまたは直流

5.2 電気電子製品における安全試験の概要

ける.

③ 合否判定

試験電圧を上げていく途中,および規定の電圧に達してから1分間,絶縁故障がなければよい.絶縁故障・破壊の発生は,継続的放電または放電を示す音(ビーという振動音)により観測,または試験器の電流計・電圧計の指示値が非線型の変化をすることにより確認できる.

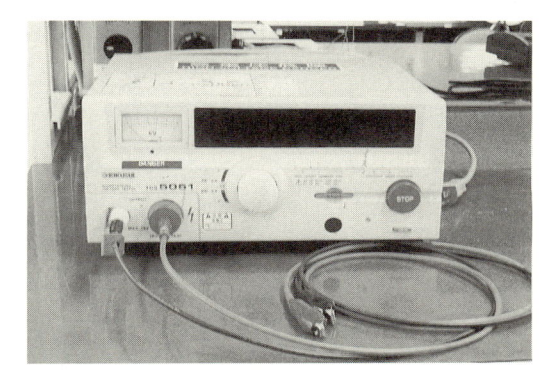

図5.5　絶縁耐力試験器

④ 試験の効果

通常,機器の本来の絶縁システム(トランス一次二次間,プリント基板上のパターン間隔など)には,かけられる試験電圧に関して十分な空間距離,縁面距離,絶縁距離(絶縁厚さ)が保たれるよう設計されているが,図面上で確認しにくい構造的な重なりなどの意図しない部分で距離が足りなくなっているのが発見されることがある.図5.5は,絶縁耐力試験器の一例の外観である.

(9) 温度試験

① 試験の目的

この試験は,感電危険とともに電気機械による重大な被害である火災危険,またはオペレータの接触による火傷の危険などを生じないために,機器およびその内部の部分や部品が通常状態で過度の温度にならない設計になっているかを確認するためのものである.

② 試験方法

製品の仕様(運転定格など)に応じた運転を行ない,必要な部分の温度上昇値を測定して,規定の温度上昇許容値と比較して判定する.

測定のための運転条件は以下による.

(170) 第5章 製品安全試験

- 連続運転定格機器は，測定を行ないながら定常状態（各部温度が飽和した状態）に達するまで
- 間欠運転機器は，運転仕様の動作・非動作を繰り返し定常状態に達するまで
- 短時間運転機器は，その定格運転時間

この測定は，トランス，モータ巻線などの巻線は熱電対法または抵抗法のいずれかで，また巻線以外は熱電対法で測定する．熱電対法では熱電対（サーモカップル）を測定個所に密着固定するために，部品の小型化と実装の高密度化が進む最近の電子機器では，一定の経験，技能を必要とする試験の一つである．

試験の目的である温度上昇限度の設定部位とその対象部分の例およびその測定方法には以下のものがある．

 1. 巻線の絶縁を含む絶縁：トランス，チョークコイル，ソレノイド，モータなど

これらは，コイル巻線そのもの，また構造上どうしても巻線に接近できない場合は，コイルの外周，コイルに近接する基板面などを測定する．巻線の上に絶縁テープ，外装ケースなどがある場合は，これを部分的に取り除いて巻線の表面にサーモカップルを密着させ測定する．またトランスのコア（鉄心）は巻線の温度が非常によく伝達し巻線に非常に近い温度となり，また場合によっては巻線上の測定値より高い値を示すこともあり，必ず同時に測定を行なう．

巻線部を含む絶縁の温度上昇許容値は表5.2に示す．ここで，熱電対による測定の場合は，モータの場合を除いて表の値から10 K低い値を適用する．

表5.2 絶縁材料の温度上昇許容値

絶縁材料の絶縁クラス	温度上昇許容値, K
A 種	75
E 種	90
B 種	95
F 種	115
H 種	140

 2. 内部配線および外部配線の合成ゴムまたはPVC絶縁被覆

例えば，内部配線が配置

上高温部の接近または接触しているとき，またはその可動範囲で高音部に接触できるときなどは，その高音部の温度上昇を測定する．

3. その他の熱可塑性絶縁部分

熱可塑性材料は種類が多く材料別に温度上昇限度を設定するのは事実上不可能なため，後述の (10)「異常試験」の 5.「熱可塑性部分の加熱」と同一の試験を行ない温度に対する耐久度を判定する．

4. 部　　品

部品の温度上昇許容値は，当規格または該当する規格の要求基準，部品の規格適合の承認条件などによる．

一般的に測定の対象となる部品の例には下記のものがある．

　　電源インレット，電源スイッチ，電源回路電解コンデンサ，
　　整流器，スイッチングレギュレータのスイッチングトラン
　　ジスタ，一次回路・二次回路間のカプリングコンデンサ，
　　一次回路・二次回路間フォトカプラなど

5. オペレータが接近する部分の温度

通常の使用時にオペレータが接近，操作のために接触する機器の部分を測定し，表 5.3 の値以下であることを調査する．なおこれらの値は，IEC 60563「熱の人間への影響」に示されている接触時間と接触面の性質に応じた火傷の可能性についての人間工学的研究結果に基づいている．

表 5.3　接触する部分の温度上昇の許容値

オペレータが接近する部分	許容温度上昇値，K		
	金属	ガラス陶磁器	プラスチック，ゴム
短時間だけつかむ，または接触するハンドル，ノブ，グリップなど	35	45	60
通常使用で連続してつかむハンドル，ノブ，グリップなど	30	40	50
接触できる機器の外面	45	55	70
接触できる機器の内部	45	55	70

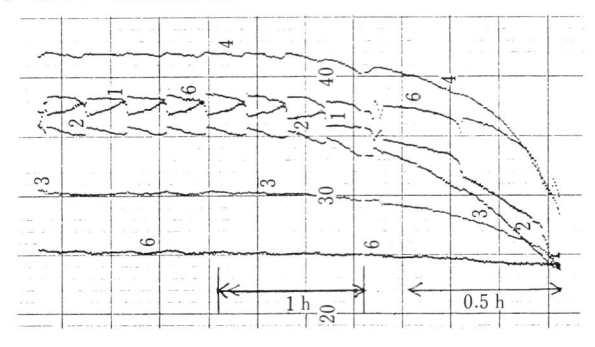

図5.6　温度試験結果の例（CD-ROMドライブ）

　図5.6は，CD-ROMドライブの温度試験結果記録チャートの例である（連続書込みディスク1枚当たり最大約20分を繰り返すため，スピンドルモータなどの温度が変化しまた不連続となっている）．一般的に，一次電源回路を含む機器では測定点はこの例より多く，機器によっては数十カ所に及ぶこともある．

（10）異常試験
① 試験の目的

　この試験は，下記のような異常状態，故障状態などによってオペレータが感電または火災の危険に曝されることを可能な限り制限するように製品が設計されていることを確認する試験の総称である．したがって，異常試験の結果，安全性に影響しない機能が低下または停止することには関知しない．異常試験で対象とする異常状態，故障状態の種類とその具体的な例を下に挙げる．

- 機械的または電気的な過負荷：モータロータの拘束，駆動ギヤのかみ付き拘束
- 製品の異常運転および故障状態：冷却通風孔・ファン開口の埃・異物などによる閉鎖，ファンの停止
- 不注意な，または誤った使用：プリンタの紙詰まりなど

この異常状態，故障状態の原則は：

- モータ，駆動機構などは機械的拘束，過負荷状態を起こす．

5.2 電気電子製品における安全試験の概要

- 部品は故障する（ただし，一つの故障を想定し，同時に二つ以上の故障は想定しない）．
- オペレータは，技術的また原理的に予想できる範囲の不注意な，または誤った使い方をする（たとえ，設計者は期待しないような「信じられない」使い方であっても）．なお，このような危険を防ぐための設計方式・構造の性格を「モンキープルーフ」と呼ぶことがあるが，これは本来，製品で考慮できる/すべき，通常予期できる誤った使用による危険リスクを防ぐための設計が現実的に困難な場合，またはこれが不十分な場合の代わりの方法ということができる．

② 試験の種類と方法

1. モータの異常状態（過負荷，ロータ拘束）の試験

この試験は，モータが過負荷，ロータ拘束などの異常状態の下で加熱して，これによって危険が生じることがないような構造，性能を持っていることを異常状態を強制的に模擬して試験し判定する．

この要求を満たすための過熱保護（過熱防止）の方法，保護装置には下記がある．

- ロータを拘束しても固有インピーダンスまたは外部インピーダンスによって電流が制限され過熱しない．隈取りコイル式 AC 誘導モータ，電子制御式直流モータの一部などがこの特性を持っている．
- 温度検出切断スイッチ（サーモスタット）のモータを組み込むこれは分巻コイル式 AC 誘導モータなどで使用され，ステータ巻線の途中に回路的に入れてコイルの中に巻き込むことによって巻線の温度が規定値以上になったのを検出し，コイル自身の電流を切断する．
- モータに流れる電流を検出してモータ電流を切断または制限する．これは，過熱保護が必要な過負荷またはロータ拘束状態でのモータ電流の値が通常動作状態での値に比べて一定程度以上大きく，この電流で過熱する前に熔断する過電流検出器（ヒューズ，サーキットブレーカ）が選択できる場合に可能となる．

試験の方法を次に記す．

a) 二次回路の直流モータを除くモータの過負荷またはロータ拘束

負荷を徐々に増大させモータ電流を増加させ定常状態にした後これを繰り返し,過負荷保護装置が作動するまで段階的に負荷を増大させ各段階での巻線温度を測定し,この温度(通常,保護装置が作動する直前に最大となる)が絶縁階級別の許容値以下であるかを確認する.

ロータ拘束については,加熱保護装置の方式に応じた期間(自己復帰式保護装置の場合で最も長く18日間)試験を行ない,温度が加熱保護装置の方式と絶縁階級に応じた各時点の許容値以下であるかを確認する.

b) 二次回路の直流モータのロータ拘束

最近の電気機器には,サーボモータ,電子制御モータ,ステッピングモータなどと呼ばれる多くの直流モータが使われていて,これらのロータ拘束試験は,以下のいずれかの方法により行なう.

- ロータを拘束し,7時間または定常状態に達してからの長い間,動作電圧をかけ,この間のモータの温度が許容値以下であるかどうかを判定する.
- モータを規定の質の薄葉紙(ティッシュペーパなど)を敷いた木片の上に置きチーズクロス(木綿の無漂白のもの)で覆い,ロータを拘束して7時間または定常状態に達したときまでの長い方の時間,動作電圧をかける.この間,薄葉紙またはチーズクロスが発火しないことを確認する.なお,動作電圧が42.4 Vピークまたは60 VDCを超えるモータについては,上記の試験後,該当する絶縁耐力試験の0.6倍の試験電圧で絶縁耐力試験を行ない,これに合格することを確認する.

2. トランスの過負荷

a) 鉄共振型以外のトランス(フェライトコアなど)の場合

二次巻線のおのおのを順次短絡する.このとき,短絡しない巻線には,いずれかの保護装置の効果を考慮して規定の最大負荷をかける.

b) 鉄共振型トランス

二次巻線のおのおのに順次,最大の熱的影響を与えるような負荷をかけ

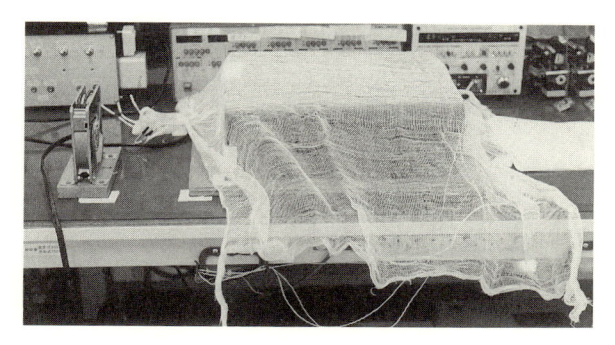

図5.7 出力過負荷試験の様子

る．このとき，一次電圧，入力周波数，他の二次巻線の負荷については，最も不利となるようにする．

　いずれの試験でも，トランスの過負荷保護装置が作動するまでの巻線の温度を測定し，これが規定の温度を超えないこと，また過熱により薄葉紙，チーズクロスが発火しないことを確認する．図5.7は，ACアダプタの出力過負荷試験を行なっている場面である．

　　3. 上記「1. モータの異常状態」および「2. トランスの過負荷」以外の部品，回路の故障

　この試験で模擬する故障状態には以下のものが含まれる．

- 一次回路に使用している部品の故障
   例として，次の部品とその故障状態がある．(a) コンデンサの短絡，(b) 抵抗の開放または短絡，(c) 半導体部品（IC，LSI，トランジスタなど）の端子間の開放または短絡
- 機器から電力または信号を取り出す端子および接続器に最も不利な負荷インピーダンスを接続した状態
   これは一般的に，端子が接地と短絡する場合が最も不利となるので，端子の信号線のおのおのを順次接地に接続して試験を行なう．

　　4. 通常使用時に考えれれるすべての状態および予想できる誤使用

　これは，本来の製品設計上では意図しない操作，使用であっても，原理的，常識的に（reasonably）予想できる製品の状態を模擬して行なうもので，以

下の例がある．

- 通風孔の閉鎖：この試験は，ファン通風孔が意図しない妨害物によって閉鎖された場合を想定し，通風孔を塞いで機器を運転する．
- コピー機のペーパ，タイプライタのリボンなどのジャム：この場合も，ペーパ，リボンのジャムを強制的に模擬して機器を運転する．

以上，3，4 の異常試験の合否判定基準，確認方法を以下に示す．

〔判定基準〕

- 火が発生しても機器の外に火が広まらない．
- 機器から溶けた金属を放出しない．
- 感電/エネルギー危険からの保護，空間距離，可動部の保護の要求を満たせなくなるようなエンクロージャの変形がない．

〔確認方法〕

- 機器内の温度上昇を測定する．
- 薄葉紙，チーズクロスが，機器エンクロージャの過熱，溶融金属の流出などにより発火しないことを監視する．
- 絶縁耐力試験の対象となる部分の絶縁距離が既定値を下回った，絶縁が損傷した，またはこれらが確認できない場合は，絶縁耐力試験を行なう．

5. 熱可塑性部分の加熱

この試験は，トランスのボビン，電源入出力ターミナルなどの危険電圧が加わる部分を支える熱可塑性材料が，異常温度での熱的劣化変形により絶縁距離の減少，端子保持力の喪失などを起こす危険性がないかを以下により調査するものである．

- 試験対象の熱可塑性部分を代表する試験片を水平に置き，その表面に直径 5 mm の鋼球を 20 N の力で押し付ける．
- これを，温度試験での該当部分の最大温度上昇値に 40 ± 2 K を加えた値を指定の機器最大周囲温度に加えた温度の恒温槽に置く（例：最大温度上昇値 40 ℃ ＋ 40 ＋ 機器最大周囲温度 40 ℃ ＝ 120 ℃）．
- 1 時間後，鋼球を試験片から取り去り，試験片を冷水で室温まで短時間

で冷却する．
・試験片に生じた圧縮痕の直径が2 mm以下であることを確認する．
　これらの異常試験は，異常・故障状態の分析とそのシミュレーションを行なうために機器の構造・回路特性について的確な知識と経験を要する点で，最も専門的な試験技術能力の一つということができる．

5.2.3　まとめ

　以上，機器安全系における重要な検証手段としての「安全試験」について電気機器の安全試験の具体例を含めて概説してきたが，最後に「安全試験」，「試験」について若干の補足を以下に行なう．

　①「安全試験」については，安全性の公共的な，また製品共通的な性格により多くの国際規格が共通技術基準として整備されているが，判定基準，試験方法などに関して各規格の間で異なるものもあり，また技術的な検討，議論が続いていて統一基準として確定していないものもある．

　② このことにも関連して，試験技術者には試験の目的・方法，判定基準なについて適切な技術的理解，それらの最新技術の監視・吸収，また各種製品にまたがる安全技術者同士の情報交換などが一層求められる．

　③「安全試験」の目的を考えたとき，規格の判定基準または自らの安全システムの判定基準のいずれに対する場合でも，試験測定の結果に測定の不確かさの見積り値を考慮したときに基準値との適合に疑問がある場合は，不適合（不合格）と判定するか，または場合によっては判定基準の再検討を行なうべきである．

　④「試験」の対象となる製品と試験装置（測定器）のエレクトロニクス化など使用技術の高度化・自動化がますます進む方向にあるが，「製品の特性を決定する技術的活動」である「試験」において最後に重要となるのが人（試験技術者）の技術的能力をはじめとする遂行能力（responsibility），および試験結果に対する説明能力（accountability）である．この点も，「安全試験」の目的を考えるとき，他の技術者以上に重要となるとも考えることができる．

　⑤「製品の特性を決定する技術的活動」としての「試験」は，環境問題への強い関心を始め広い「安全」意識の高まりの中で，規制緩和に伴う自己責任

の強化,これと時を同じくした国際的適合性評価・認定制度の普及などにも伴い,以前に増してその役割の重要性が認識されてきている.
今後も広い範囲で試験,特に安全試験の役割が高まると考えられる.

5.3 電気機械機器におけるEMC(電磁的両立性)試験

5.3.1 EMC

近年,電波障害が問題になることが多く,電子機器はノイズを出さないこと,電気的ノイズに強いことという本来の機能以外の特性が要求されるようになってきている.また電波の有効利用の観点からも,限られた周波数帯での電波利用は重要な問題で,EMCが規制される前にも,各国は独自の電波利用に関する規制を行なっていた.しかし,以下本節で述べるEMCとは各国の電波法に当たる規制とは別のものと考える必要がある.

EMCはElectromagnetic Compatibilityの略で,一般的に電磁的両立性と訳されている.したがって,その中には,EMI(Electromagnetic Interference:電磁妨害)とEMS(Electromagnetic Susceptibility:電磁感受性)が含まれる.EMIの試験項目には,電界放射,電源線伝導,電源高調波,電圧変動など,また EMS には,静電気,電磁界放射,ファーストトランジェントバースト,雷サージ,伝導妨害,電源周波数磁界などがある(表5.4).

表5.4 EMCに関する主な試験項目

EMI	─ 電界放射 ─ 電源線伝導 ─ 磁界放射 ─ 妨害電力 ─ 電源高調波 ─ 電圧変動,フリッカ
EMS	─ 静電気(ESD) ─ 電磁界放射 ─ ファーストトランジェントバースト ─ 雷サージ ─ 伝導妨害 ─ 電源周波数磁界 ─ 電圧変動・電圧ディップ

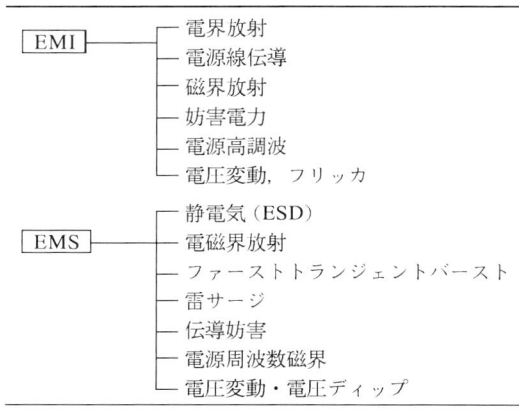

EMIの障害例として,ラジオ,テレビなどの通信機器の受信障害があり,これは近年盛んに用いられるディジタル回路の動作によって引き起こされる.機器の高速化が進み,動作周波数が上がるにつれ,EMI対策は重要になっている.また,スイッチング電源に

5.3 電気機械機器における EMC（電磁的両立性）試験

表5.5 欧州における主な EMC 関連規格

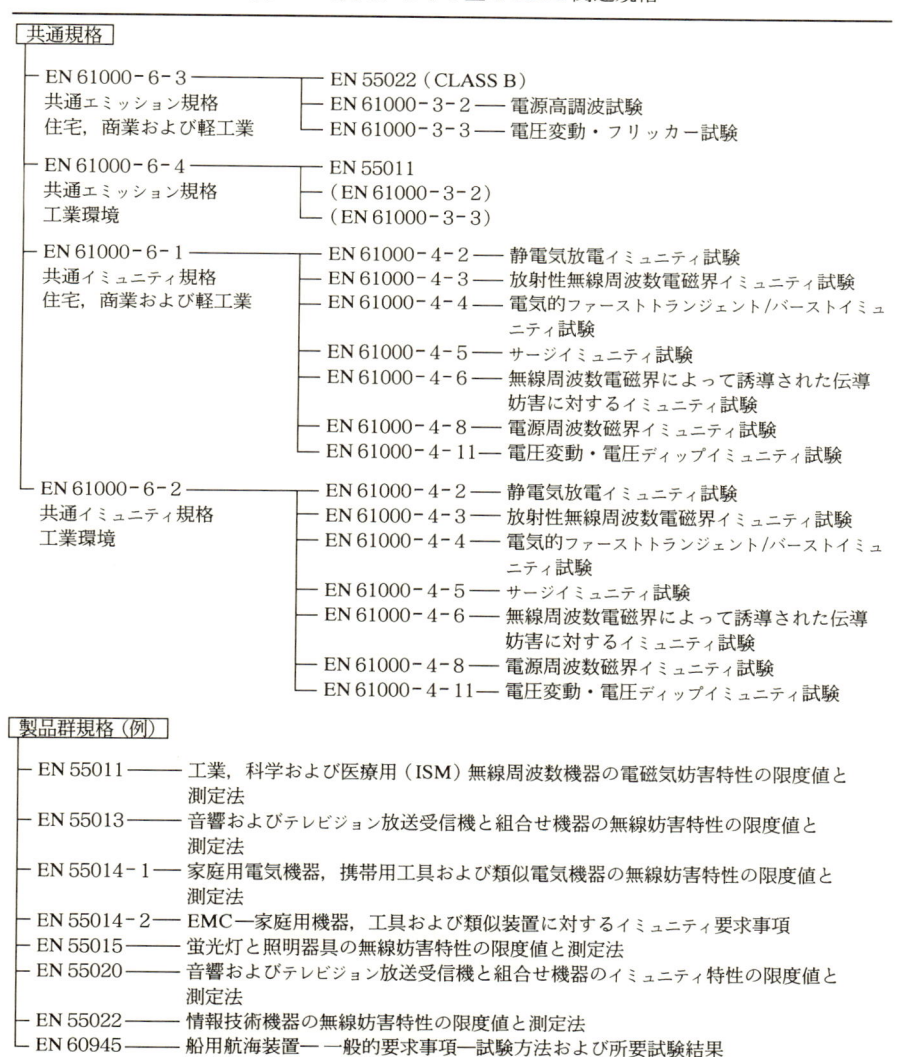

【共通規格】
- EN 61000-6-3
  共通エミッション規格
  住宅，商業および軽工業
  - EN 55022（CLASS B）
  - EN 61000-3-2 ── 電源高調波試験
  - EN 61000-3-3 ── 電圧変動・フリッカー試験
- EN 61000-6-4
  共通エミッション規格
  工業環境
  - EN 55011
  - （EN 61000-3-2）
  - （EN 61000-3-3）
- EN 61000-6-1
  共通イミュニティ規格
  住宅，商業および軽工業
  - EN 61000-4-2 ── 静電気放電イミュニティ試験
  - EN 61000-4-3 ── 放射性無線周波数電磁界イミュニティ試験
  - EN 61000-4-4 ── 電気的ファーストトランジェント/バーストイミュニティ試験
  - EN 61000-4-5 ── サージイミュニティ試験
  - EN 61000-4-6 ── 無線周波数電磁界によって誘導された伝導妨害に対するイミュニティ試験
  - EN 61000-4-8 ── 電源周波数磁界イミュニティ試験
  - EN 61000-4-11 ── 電圧変動・電圧ディップイミュニティ試験
- EN 61000-6-2
  共通イミュニティ規格
  工業環境
  - EN 61000-4-2 ── 静電気放電イミュニティ試験
  - EN 61000-4-3 ── 放射性無線周波数電磁界イミュニティ試験
  - EN 61000-4-4 ── 電気的ファーストトランジェント/バーストイミュニティ試験
  - EN 61000-4-5 ── サージイミュニティ試験
  - EN 61000-4-6 ── 無線周波数電磁界によって誘導された伝導妨害に対するイミュニティ試験
  - EN 61000-4-8 ── 電源周波数磁界イミュニティ試験
  - EN 61000-4-11 ── 電圧変動・電圧ディップイミュニティ試験

【製品群規格（例）】
- EN 55011 ── 工業，科学および医療用（ISM）無線周波数機器の電磁気妨害特性の限度値と測定法
- EN 55013 ── 音響およびテレビジョン放送受信機と組合せ機器の無線妨害特性の限度値と測定法
- EN 55014-1 ── 家庭用電気機器，携帯用工具および類似電気機器の無線妨害特性の限度値と測定法
- EN 55014-2 ── EMC─家庭用機器，工具および類似装置に対するイミュニティ要求事項
- EN 55015 ── 蛍光灯と照明器具の無線妨害特性の限度値と測定法
- EN 55020 ── 音響およびテレビジョン放送受信機と組合せ機器のイミュニティ特性の限度値と測定法
- EN 55022 ── 情報技術機器の無線妨害特性の限度値と測定法
- EN 60945 ── 船用航海装置──一般的要求事項─試験方法および所要試験結果

よる高調波も電力設備の発熱,騒音を引き起こし,ヨーロッパを中心に規制が開始されている(表5.5).

一方,EMSでは,外部のノイズの影響を受け,機器の誤動作や破壊が問題となる.これは機器によっては人命にも関わることがあり,無視できない問題となっている.イミュニティ(耐性)は,製品の品質であるというという考えと,法律で厳しく取り締まるという考えがある.一時期,ヨーロッパで規制が開始され,世界的な広がりを示したが,品質による自己責任という発想から規制自体を緩和していこうという方向も出ている.

5.3.2 EMCにおけるノイズの定義とその伝達経路

ノイズの種類は,電源線などからの過渡的ノイズ,伝導性ノイズ,また人体などからの静電気ノイズ,そして雷などによるサージ電圧/電流,無線周波の電磁界ノイズなどが挙げられる.その結果生じる障害も騒音,ディスプレイの映像の乱れや揺らぎ,音声のひずみや本来の音声以外の雑音,機器の誤

表5.6 EMCで問題となるノイズ

自然ノイズ:雷放電,電離層ノイズ,宇宙ノイズ

人工ノイズ:パルス発生源(ディジタル回路,インバータ)
　　　　　火花放電(整流子電動機,ドリル,バリカン,リレー,サーモスタット,ボイラ着火装置,自動車)
　　　　　コロナ放電(オゾン発生器,送電線)
　　　　　グロー放電(蛍光灯,ネオンサインなど)
　　　　　通信機器(アマチュア無線,高周波利用設備)

表5.7 主なノイズの伝達経路

伝導性——ケーブルを伝達する
　　(EMI:伝導性妨害
　　 EMS:伝導性耐性)

放射性——空間を伝播する
　　(EMI:放射性妨害
　　 EMS:放射性耐性)

動作や破壊など,非常に広い範囲が含まれる.近年,ディジタル技術が急速に進歩した結果,電子機器の機能が非常に多く,またきめ細かになってきた.そして,一般家庭で使用する電気機器ですら,そのほとんどが,ディジタル信号処理によって制御されているといっても過言ではない.しかしその反面,

ディジタル信号は大変多くの高周波エネルギーを持っているため，その一部が外部の電子機器に影響を及ぼし，障害を引き起こすようになった．EMCに関する事例として，工業用ロボットの誤動作による人身事故や，ゲームセンターのゲーム機器から発生したとみられるノイズによる無線への妨害，さらにオートマチック車の暴走などがある．

ここで問題となっているノイズとは，電子機器に対して妨害や干渉を与える電磁気的ノイズ（エネルギー）を指し，大きく分けて2種類ある（表5.6）．また伝達経路としては表5.7に示す二つがある．

5.3.3 安全装置に対するEMCの影響

安全装置は，本書全編で触れているように，作動要求が生じたときの準備性が重要であること，例えば機能が失われることがあっても，決して危険側に移行しないことなどの要求があった．このため，機能安全に関するEMCの規格として制定されつつあるIEC 61000シリーズでも，相応の配慮を求めている．本項では，IEC 61000シリーズから抜粋して要点をまとめておく．

この規格では，電気・電子機器/システムによる機能安全に対する要求として，次のことを挙げている．

① 機器やシステム・安全度水準は，使用箇所における電磁環境から著しく影響されないこと．

機器やシステムのEMSによる故障と他の原因による故障を合わせても，全体として許容リスク以下であることが求められる．

② 機器やシステム内で発生する電磁擾乱がその機器やシステムの他の部分の安全度水準を著しく損なわないことが望ましい．すなわち，内部での電磁放射が低レベルであることが要求される．

ところで，EMCに関する故障としては，次の4種類が考えられる．

① ある限度内で，通常の性能を保つ（安全性への影響はない）．
② 一時的な機能または性能の低下や喪失で自己復旧できるもの．
③ 一時的な機能または性能の低下や喪失でオペレータの介在やシステムのリセットが必要なもの．
④ 機能の低下や喪失で，機器やソフトウェアの損傷やデータの喪失により

回復できないもの．

　今までの章でも議論してきたが，機器の故障とシステムの故障は異なる（例えば，冗長系になっている場合）ことに注意しなければならない．また，故障には安全側故障と危険側故障とがあった．安全機能という観点からは，危険側故障が問題であり，その発生や波及効果を知る必要がある．したがって，IEC 61000 では，EMC による安全機能喪失を想定したリスク解析を推奨している．

　以上のことから，安全機能を担う機器，システムの EMC 試験については，次の要求が生じる．

① 使用される条件下での平均的レベルではなく，最も高いレベルの電磁環境で試験すること．
② ソフトウェアが関連した機能の喪失は複雑であるから，可能なら運用中に全システムを試験することが望ましい．このことが不可能なら，除外される部分の機能のシミュレータを付加して，全体の挙動を知ることが望ましい．
③ 実装状態での試験ができない場合でも，特に配置，ケーブルの装架状態や運用モードなどに留意して，実使用状態を代表するようにしなければならない．
④ リスク解析で同定された安全に関する望ましくない事象を中心に試験の計画を作ることが望ましい．
⑤ どのように安全性が損なわれるかを知るために，供試機器が機能を失いやすいようにすること，例えばより高レベルの擾乱を加えることも有用である．

略　語　集

AIChE ： the American Institute of Chemical Engineers（米国化学工学会）
BPCS ： Basic Process Control System（基本プロセス制御システム）
CCF ： Common Cause Failure（共通原因故障）
CCPS ： Center for Chemical Process Safety（AIChEの化学プロセス安全センター）
DC ： Diagnostic Coverage（自己診断率）
DIN ： Deutsches Institut für Normung e. V.（ドイツ規格協会）
DCS ： Distributed Control System（分散型制御システム）
E／E／PES ： Electrical／Electronic／Programmable Electronic System（電気・電子・プログラマブル電子系）
EN ： European Standard, Europäische Norm（欧州規格）
EMC ： Electromagnetic Compatibility（電磁的両立性）
EMI ： Electromagnetic Interference（電磁妨害）
EMS ： Electromagnetic Susceptibility（電磁感受性）
EPA ： Environmental Protection Agency（米国環境保護庁）
EUC ： Equipment Under Control（被制御系）
FDT ： Fractional Dead Time（不作動時間率）
FMEA ： Failure Mode and Effects Analysis（故障モード影響解析，フォールトモード・影響解析）
FTA ： Fault Tree Analysis（故障の木解析，フォールトの木解析，フォールト・ツリー解析）
HAZOP ： Hazards and Operability Study（ハゾップスタディー）
HSE ： Health and Safety Executive（英国健康安全庁）
IEC ： International Electrotechnical Commission, Commission Electrotechnique Internationale（国際電気標準会議）
ISA ： the International Society for Measurement and Control（国際計測制御学会，旧称 Instrument Society of America）
ISO ： International Organization for Standardization（国際標準化機構）
JIS ： Japanese Industrial Standard（日本工業規格）
MTBF ： Mean Time Between Failures（平均故障間隔）
MTTF ： Mean Time To Failure（平均故障寿命）

略語集

MTTR : Mean Time To Repair（平均修復時間）
NATA : National Association of Testing Authorities（オーストラリアの試験所認定機関）
NVLAP : National Voluntary Laboratory Accreditation Program（米国自主試験所認定プログラム）
OSHA : Occupational Safety and Health Administration（米国労働安全衛生局）
PES : Programmable Electronic System（プログラマブル電子系）
PFD : Probability of Failure on Demand（作動要求当たりの機能失敗確率）
PSA : Process Safety Analysis（プロセス安全解析）
ROC : Receiver Operating Characteristic（作動特性）
RvA : Raad voor Accreditatie（オランダの試験所認定機関）
SFF : Safe Failure Fraction（安全側故障比率）
SIL : Safety Integrity Level（安全度水準）
SIS : Safety Instrumented System（安全計装系）
SRS : Safety Related System（安全関連系）
TÜV : Technischer Überwachungs Verein e.V.（（ドイツの）技術検査協会）
UKAS : United Kingdom Accreditation Service（英国の認定機関）

規格に付された記号
CD : Committee Draft（委員会原案）
CDV : Committee Draft for Voting（投票のための委員会原案）
DIS : Draft International Standards（国際規格案）
FDIS : Final Draft International Standards（最終国際規格案）
NP : New Work Item Proposed（新規業務項目提案）
pr : Proposal（規格案）

索　引

ア行

アーキテクチャ …………… 38,71,90
ROC 曲線 ……………………………58
IEC 61508 ………… 65,70,71,78,133
IEC 60300 ………………………… 156
IEC 60563 ………………………… 171
IEC 60950 …………………… 162,163
IEC 61000 シリーズ ……………… 181
ISO / IEC 17025 ………………… 159
ISO / IEC ガイド 2 ……………… 158
ISO / IEC ガイド 51
　　………………… 10,104,120,158
ISO / NP 14120 ………………… 117
ISO / CD 12100 … 104,111,113,121
ISO / DIS 13852,13853,13854 ‥ 117
ISO 9001 ………………………… 159
ISO 13849 ………………………… 125
ISO 14121 ………………………… 122
ISO 16000 ………………………… 111
アベイラビリティー ………………28
アンアベイラビリティー …………29
ANSI C 101 ……………………… 167
安全 …………………………… 11,139
安全確認 …………………… 108,118
安全確認型インターロック …… 127
安全確認システム …… 108,119,123
安全側故障 …………………… 32,117
安全側故障比率 ……………… 74,91
安全関連系 ………… 24,64,85,139
安全関連制御系用 PES ……………89
安全技術 ……………………………97
安全機能 ………… 64,114,139,151
安全機能喪失 …………………… 182
安全機能要求 ………………………80

安全試験 ………………………… 177
安全性能カテゴリー …………… 110
安全装置 …………………… 102,181
安全対策 ………………………… 115
安全タスク …………………………64
安全超低電圧回路の信頼性 …… 165
安全度 ………………… 65,139,151
安全度水準 ………… 146,153,181
安全度要求 …………………………80
安全認証 ………………………… 118
安全防護対策 …………………… 115
安全防護物 ……………………… 115
安全法制 …………………………3,8
安全要求仕様 …………… 141,148
安全立証 ………… 104,107,118,119
E / E / PE 安全関連系 …… 133,134
EN 954 ………………… 12,64,158
EMI ……………………………… 178
EMS ……………………………… 178
EMC ……………………………… 178
EUC ……………………………64,134
EUC 制御系 …………………… 134
異常試験 ………………………… 172
一次電源への接続 ……………… 165
イネーブル装置 …………… 115,118
イミュニティ …………………… 180
インターロック ……………………92
インターロック（緊急遮断）系 ‥‥85
インターロック装置 …………… 115
SIL ……………………… 70,77,153
SFF ……………………………74,91
SP-84.01 …………………………89
FDT …………………………………25
m / n 冗長系 ………………………38

MTTR	28
MTTF	22,26
MTBF	27
温度試験	169

カ行

外的リスク軽減施設	149
確率分布	17
確率変数	17
確率密度関数	20
隔離の原則	102,116
過失責任	6
型式試験	162
カテゴリー	107,117
感電，エネルギー危険からの保護	164
ガード	102,115
機械	113
機械災害	98
機械指令	107
機械的強度および安定性	166
機械の安全性	114
機械の意図する使用	114
機械類	113
危害	135
危険側故障	108,115,141
危険側障害	124
危険側非検知（潜在）故障	33
危険源	105,114,135
危険検出型インターロック	128
危険事象	11,114
危険事象重要度マトリックス法	77
危険状態	114,121
危険領域	101
機能安全	134,139,151,181
機能（遂行の）失敗確率	25,66,68,70
基本的安全規格	111,133
共通原因故障	26,51
許容可能（な）リスク	11,12,68,114
許容リスク	139
緊急防護	92
グループ安全規格	111
計装化安全機能	63
決定論的原因故障	141
欠報	57
原因発生者責任主義	3
厳格責任	2,6,8
検査	158
現状回復主義	3
検証	81
公認機関	108
高頻度作動要求・連続モード	152
国際標準化	97
故障分布関数	18
故障モード	92
故障率	22,70,71
故障率関数	21
個別機械安全規格	113
誤報	57

サ行

災害の大きさ	77
the state of art	118
作動要求	65
残留リスク（残存リスク）	11,105,114,139
残留リスク頻度	68
CE マーキング	108
CCF	51
試験	158
試験技術者	177
試験所	160
試験用試料	162
自己診断機能	88
自己診断率	71,74,91
指数分布	22
JIS C 0508	65,133

システムライフサイクル …………79	損害賠償 ………………………………7
自動監視 ……………………108,115	**タ 行**
重大性 ……………………………67,70	待機冗長系 ……………35,40,49,63,70
修復率 …………………………………28	タイプA規格 …………………………111
修理系 …………………………………27	タイプAの部品・サブシステム
寿命分布 ………………………………17	……………………………74,92,143
状態遷移図式 …………………………45	タイプB規格 …………………………111
冗長系 ……………………………26,34	タイプBの部品・サブシステム
情報技術機器 ………………………162	……………………………74,92,143
診断テスト ……………………………25	タイプC規格 …………………………113
信頼性ブロック線図 …………………35	他技術安全関連系 …………………149
信頼度関数 ……………………………18	第3者検査機関 ………………………63
遂行能力 ……………………………177	直列系 ……………………………35,36
寸動 ……………………………………117	DINV 19250 …………………………77
正常性確認 …………………………108	DC …………………………………74,91
製造者 ………………………………114	停止安全 ……………………………98,102
製造物責任 …………………………110	停止の原則 ……………………102,116
製造物責任法 ………………………134	低頻度作動要求モード ……………151
製品安全試験 ………………………156	低複雑度 ……………………………136
正報 ……………………………………57	低複雑度E/E/PE安全関連系・145
責任規範 ……………………………6,9	定量的決定法 …………………………77
絶縁 …………………………………165	定性的決定法 …………………………77
絶縁耐力試験 ………………………168	電気電子製品 ………………………162
接地漏れ電流 ………………………167	電気・電子・プログラマブル電子
説明責任 ………………………110,118	安全関連系 ………………………133
説明能力 ……………………………177	電源インターフェイス ……………164
セベソ指令 ……………………………4	電磁感受性 …………………………178
全安全妥当性確認 ……………148,150	電磁的両立性 ………………………178
全安全要求事項 ……………………148	電磁妨害 ……………………………178
全安全ライフサイクル ……………146	トリップ装置 …………………………64
全運用保全計画 ……………………148	**ナ 行**
センサ …………………………………88	人間－機械系 ………………………101
潜在危険 ………………………135,147	認証 ………………………………63,87
潜在危険性 ……………………………1	認定 ……………………………63,81,87
潜在危険の同定 ……………………136	ノイズ ………………………………180
全周囲防護 …………………………116	
操作端 …………………………………89	
ソフトウェア …………………………79	
損害 ……………………………………3	

ハ行

ハザード ……………………………120
バスタブ曲線 ………………………22
発生頻度 ……………………………77
PES ………………… 64,83,87,132
PFD ………………… 25,33,66,90
PLC ………………………… 63,84
非修理系 ……………………………26
非対称故障特性 …………………128
ヒューマンエラー ………………125
平等・公正主義 ……………………4
頻度 …………………………… 67,70
頻度リスク …………………………67
フェールオペラブルシステム …144
フェールセーフ …………………142
フェールセーフ技術 ……………128
フォールトトレランス ……………74
フォールトモード ………………143
複合設備 …………………………113
不作動時間率 ………………………25
不信頼度関数 ………………………18
不要トリップ ………………………32
プラント危険率 ……………………93
プラント（EUC）リスク …………70
プログラマブル電子系 …………132
プロセス安全解析 …………………5
ブロック線図 ………………………71
平均故障間隔 ………………………27
平均故障寿命 ………………… 22,26
平均修復時間 ………………………28
並列系 ………………………………37
並列冗長系 ……………………35,46
βファクタモデル ………………52
防護（予防）処置 …………………11
防護装置 …………………………115
防護対策 …………………………115
ホールド・トゥ・ラン …………117
ホールド・トゥ・ラン装置 ……116
本質安全設計 ………………105,115

マ行

マルコフモデル ……………… 44,95
無過失責任 ……………………… 2,6,8

ラ行

ランダムハードウェア故障 ……141
リスク ……… 4,11,66,114,120,137
リスクアセスメント …105,107,114
リスクアセッサ …………………106
リスク解析 ………………… 147,182
リスク管理 ………………………137
リスクグラフ ………………………77
リスク軽減 ………………………139
リスク軽減措置 …………………137
リスク査定 ………………………137
リスク低減 ………………… 106,115
リスク低減プロセス ………………11
リスク低減量 ………………………70
リスク評価 ………………… 106,114
リスク頻度 …………………………68
リスク分析 ………………… 114,156
リスクマネージメント …………157
両手操作制御装置 ………………116
連続動作型 …………………………70

ワ行

ワイブル分布 ………………………23

JCOPY ＜（社）出版者著作権管理機構　委託出版物＞		
2011	2000年 1月30日	第1版発行
	2006年 4月25日	訂正第2版
機械安全工学	2011年 4月28日	第4版発行

著作代表者　清　水　久　二
　　　　　　　　　　　し　みず　　ひさ　じ

著者との申し合せにより検印省略

Ⓒ著作権所有

発　行　者　株式会社　養　賢　堂
　　　　　　代表者　及　川　清

定価（本体3000円＋税）　印　刷　者　星野精版印刷株式会社
　　　　　　　　　　　　　　　　　　　責任者　星野恭一郎

〒113-0033　東京都文京区本郷5丁目30番15号
発　行　所　株式会社養賢堂　TEL 東京(03)3814-0911　振替00120-7-25700
　　　　　　　　　　　　　　FAX 東京(03)3812-2615
　　　　　　　　　　　　　　URL http://www.yokendo.co.jp/
　　　　　　ISBN978-4-8425-9914-4　C3053

PRINTED IN JAPAN　　　　　　製本所　株式会社三水舎

本書の無断複写は著作権法上での例外を除き禁じられています。
複写される場合は、そのつど事前に、(社)出版者著作権管理機構
（電話 03-3513-6969、FAX 03-3513-6979、e-mail:info@jcopy.or.jp)
の許諾を得てください。